# TREUILLE

# CONTREXÉVILLE

*I. CONSIDÉRATIONS GÉNÉRALES SUR LES EAUX*

*MINÉRALES ET THERMALES*

*II. CONTREXÉVILLE*

*III. PRINCIPALES AFFECTIONS TRAITÉES*

*A CONTREXÉVILLE*

## PARIS

MDCCCLXXIX

Docteur A. TREUILLE

# CONTREXÉVILLE

*I. CONSIDÉRATIONS GÉNÉRALES SUR LES EAUX*

*MINÉRALES ET THERMALES*

*II. CONTREXÉVILLE*

*III. PRINCIPALES AFFECTIONS TRAITÉES*

*A CONTREXÉVILLE*

PARIS

—

MDCCCLXXIX

Imp. Jules Chéret & Cⁱᵉ, 18, rue Brunel, Paris.

# CONSIDÉRATIONS GÉNÉRALES

## SUR LES EAUX

## MINERALES & THERMALES

---

# CHAPITRE PREMIER

*« La Médecine n'est pas une Science ! »*

Elle est du moins la proposition passée, semblerait-il, à l'état d'axiome indiscutable, car elle retentit à nos oreilles, répétée d'écho en écho, à tous les degrés de la grande échelle sociale.

Cette proposition, cet axiome des gens du monde, les médecins doivent-ils l'accepter? peuvent-ils se courber sous un semblable préjugé et donner gain de cause à tous ceux qui l'acceptent et le propagent?

Quant à nous, nous pensons, au contraire, que les hommes qui s'occupent sérieusement des Sciences médicales doivent consacrer tous leurs efforts à rechercher la vérité, à la démontrer et à en accélérer la vulgarisation, afin de prouver aux esprits les plus incrédules, afin de faire voir aux yeux les moins clairvoyants que la médecine n'est pas une chimère, mais une réalité.

« Toutes les Sciences *sont la même*, » a dit très judicieusement un spirituel écrivain (1).

Et, en effet, il n'y a qu'UNE SCIENCE. Les parties multiples des diverses connaissances humaines ne sont que les rameaux du même arbre, l'arbre de Science. Elles constituent simplement les différents termes ascendants de cette grande série de vérités qu'on appelle la Science. Les sciences sont liées les unes aux autres par des rapports nombreux qui ne permettent à aucune Science de se constituer avant celles qui la précèdent dans la grande série générale.

Qui donc serait assez téméraire, aujourd'hui, pour assigner une limite à la Science? qui oserait lui dire : « Tu n'iras pas plus loin ? » Chaque jour, une découverte, une invention, une application nouvelle de ses éternels principes vient nous révéler qu'elle avance à pas de de géant dans la voie du progrès. Oui la Science poursuit son chemin, rien n'y peut mettre obstacle et elle consolide chaque jour ses nombreux triomphes aux yeux des plus incrédules.

Donc, si le fait de la Science est de progresser afin d'arriver au maximum d'utilisation des forces que l'humanité possède, n'est-il pas évident que la médecine, qui est une de ses branches les plus importantes, suit nécessairement la même marche?

(1) A. Toussenel, *Esprit des Bêtes.*

Mais de ce que nous avons dit, que la destinée de la Science est de tendre sans cesse vers sa perfection, s'ensuit-il que nous pensions qu'il est impossible d'arriver à constituer véritablement la Science? Non, sans doute, car c'est précisément vers la constitution générale des diverses branches de la Science que sont dirigés désormais tous les efforts du génie humain.

Dans ce grand mouvement d'élaboration et d'enfantement de vérités scientifiques qui caractérise surtout notre époque, la médecine n'est pas restée en arrière. Après avoir soumis au creuset de l'analyse la plus rigoureuse, chaque système, chaque affection, chaque symptôme, chaque agent thérapeutique, n'est-elle pas arrivée à formuler nettement la valeur exacte et mathématique de chacun d'eux? D'autre part, entrant déjà dans la synthèse, rattachant les uns aux autres tous les faits médicaux et thérapeutiques analysés si profondément, n'a-t-elle pas jeté les bases d'une doctrine positive et complète?

Donc, loin de nous cette pensée que la médecine n'est pas une Science. Cette idée n'est qu'une prévention funeste à laquelle nous défions de trouver pour base un raisonnement logique.

Laissons à l'ignorance prétentieuse la déplorable habitude de juger toutes choses sans examen. Pour nous, en présence de l'état d'incohérence et d'isolement où gisent encore les différentes branches de la Science, nous nous rappelons avec tristesse combien d'efforts, et quels efforts inouïs, a dû tenter chaque génération de savants pour ne pas perdre la tradition scientifique. Si quelque chose nous frappe et nous étonne, c'est précisément l'immense résultat obtenu en dépit de tant de difficultés sans cesse renaissantes, chaque savant agissant isolément, sans aucun lien collectif et sans un but préconçu et bien défini à l'avance. Sans vouloir entrer dans les détails de tous les progrès accomplis en médecine, depuis quelques années, et des heureuses applications qu'elle fait, des découvertes dont elle s'enrichit chaque jour, nous désirons apporter quelques preuves à l'appui de notre thèse et citer quelques-uns des exemples les plus concluants.

Que laissent à désirer l'anatomie, la physiologie, la chimie, la botanique, la physique et les autres Sciences dites naturelles? Quelles autres branches de la Science, en général, sont arrivés à un développement plus avancé? Or, toutes les sciences naturelles ne font-elles pas partie intégrantes des études médicales? Ce que gagne la physique, la botanique, la chimie, la physiologie, l'anatomie, n'est-ce pas, en fin de compte, autant de gagné pour la médecine elle-même?

S'attachant uniquement aux résultats produits, les gens du monde, — et, avec eux, quelques médecins. hélas! — n'ont vu jusqu'ici dans la médecine qu'une science obscure, conjecturale, consistant tout entière dans l'administration empirique, plus ou moins fatale, plus ou moins heureuse, si l'on veut, du médicament qui doit opérer la guérison. Mais, sur ce terrain encore, la science médicale est assez sûre d'elle-même pour ne pas s'en rapporter exclusivement au hasard et ne point marcher à l'aveugle.

N'est-ce pas avec la certitude de guérir que le médecin emploie le sulfate de quinine, découverte encore récente, et dont les effets sont infaillibles contre la fièvre intermittente et tant d'autres affections périodiques? N'est-ce pas d'hier qu'on se sert de l'éther et du chloroforme, découvertes providentielles, qui permettent désormais aux chirurgiens de pratiquer les opérations les plus sensibles sans que le patient éprouve la moindre douleur? Le bandage inamovible, dont l'emploi modifie si heureusement le traitement des fractures, n'est-il pas encore nouvellement acquis à la science? Le fer et ses différents composés ne guérissent-ils pas à coup sûr la chlorose (pâles couleurs), et ne refont-ils pas, pour ainsi dire, de toutes pièces, les constitutions affaiblies? Le mercure et l'iodure de potassium pour les affections syphilitiques, le soufre pour les maladies de la peau, l'huile de foie de morue et les préparations iodées pour la diathèse (prédisposition accentuée) tuberculeuse, le chlorate de potasse pour la diphthérie (production de fausses membranes), l'opium, l'arsenic, et tant d'autres remèdes, regardés comme spécifiques, ne produisent-ils pas entre les mains du médecin des résultats aussi certains, aussi brillants?

Que le nombre des médicaments *spécifiques* ne soit pas aussi considérable que la quantité des symptômes morbides, nous l'accordons. Mais, puisqu'un petit nombres de spécifiques déjà découverts sont aujourd'hui dans le domaine de la Science, il en résulte logiquement qu'il est possible d'en découvrir de nouveaux.

A cet égard, chaque jour suffit à sa tâche.

D'ailleurs, il s'en·faut encore de beaucoup que l'intelligence humaine ait atteint l'apogée de sa puissance; mais nous croyons que le progrès social, avec le temps, réalisera les conditions les plus favorables à son complet développement.

Quoi qu'il en soit, les progrès des Sciences médicales, et la certitude *positive* avec laquelle le médecin agit dans un si grand nombre de cas, ne suffisent pas à nos yeux pour déclarer que la médecine est une science définitivement constituée. Mais, ce qu'on ne peut nier, et c'est précisément ce que nous tenions, avant tout, à bien constater au début de cette étude, c'est que la médecine marche directement vers ce but, et qu'un jour ou l'autre elle y atteindra, car l'étude de la Science a pour mission de rendre sensible et utile la somme de synthèse, inutilement accumulée jusqu'ici dans le sein de l'humanité.

# CHAPITRE II

## *VALEUR THÉRAPEUTIQUE DES EAUX MINÉRALES*

 L est une branche de la thérapeutique générale qui offre de telles ressources, qu'en la généralisant par une exploration plus complète, et par l'analyse plus détaillée et plus approfondie, elle pourrait suffire à toutes les indications médicales, et donner, pour ainsi dire, le *spécifique* de chaque maladie. Nous voulons parler de l'emploi thérapeutique des eaux minérales et thermales.

Nous sommes très éloigné de partager l'opinion de certains médecins fort distingués, à d'autres titres, qui pensent et professent encore aujourd'hui que les eaux minérales n'ont qu'une action accessoire sur la maladie, et que le bien-être qu'on éprouve de leur usage provient, surtout, du changement d'air et d'habitudes, du charme de l'inconnu, du repos de l'esprit et des affaires, de l'air pur qu'on respire à la campagne, des promenades, des distractions, du régime, des conditions hygiéniques, etc.

Nous pensons et nous affirmons, — et cela en bonne et nombreuse compagnie, du reste, — que les modifications si frappantes, imprimées en si peu de temps à l'organisme, chez les personnes qui vont chaque année aux sources, sont entièrement dues à l'usage exclusif des eaux minérales et thermales, tandis que les conditions hygiéniques nouvelles sus-énumérées, — nous n'en voulons certes pas nier l'heureuse influence, — ne sont que les auxiliaires naturels du traitement par les eaux. La vogue réfléchie dont jouissent aujourd'hui les eaux minérales et thermales, n'est-elle point, après tout, la meilleure preuve de leur efficacité ? Cette vogue qui va sans cesse en augmentant, ne devrait-elle pas ébranler les hommes de Science encore incrédules ?

Mais il est vrai de dire qu'après deux ou trois ouvrages écrits sur les eaux (1), les éléments positifs font encore défaut, et c'est là ce qui constitue, à nos yeux, la raison majeure de l'indifférence traditionnelle de beaucoup de nos confrères.

Dieu merci. cette indifférence disparaît de jour en jour et, « pesant à leur tour sur l'esprit des. malades, les médecins, mieux éclairés sur les eaux et leur pouvoir, et sur la valeur respective des sources, en ont fait plus souvent et plus sérieusement l'objet de leurs prescriptions, et c'est ainsi qu'un grand agent thérapeutique s'est trouvé recevoir une double et salutaire impulsion (2).

(1) Durand Fardel et A. Rotureau, dont les ouvrages nous semble réunir les conditions de positivisme dont nous signalons l'absence. Mentionnons aussi le livre de MM. O. Henry, père et fils, plus particulièrement destiné aux pharmaciens.

(2) Mélier, Discours d'ouverture à la Société d'hydrologie médicale (novembre 1856).

# CHAPITRE III

## DE L'EMPLOI DES EAUX MINÉRALES

'Emploi thérapeutique des eaux minérales et thermales remonte à la plus haute antiquité, et se perd dans la nuit des temps. Déjà, du temps d'Hippocrate, les Grecs en faisaient un fréquent usage. Ils se rendaient en foule à la grotte, qui porte encore le nom du père de la médecine, et un grand nombre d'individus, atteints d'affections différentes, y trouvaient à leurs maux un soulagement marqué.

Les Romains paraissent avoir connu et employé les eaux d'une façon plus générale et surtout plus judicieuse que les Grecs. Au temps d'Auguste, son médecin, Musa, sut guérir, au moyen de l'eau froide, l'Empereur d'une douloureuse hépatite qui avait résisté aux fomentations chaudes. C'est à cela qu'il dut la réputation de premier médecin de Rome. Horace alla le consulter; sur les conseils du médecin, le poète quitta les thermes de Baïa, et trouva à Salerne la guérison de ses maux (1). Les Romains ont laissé l'empreinte durable de leur

(1) *Etudes médicales sur les poetes latins,* par M. Menière, Paris. 1858.

passage dans toutes les stations minérales et thermales importantes. Pour ne parler que des Gaules : Plombières, Luxeuil, Vichy, Sermaize, le Mont-Dore, Bagnières-de-Luchon, etc., etc.; offrent encore aujourd'hui, aux yeux étonnés des baigneurs, des touristes et des voyageurs, des ruines de piscines romaines plus ou moins bien conservées.

Ce mode de guérison paraît totalement abandonné à la chute de l'empire romain, et durant cette longue période de chaos social qu'on appelle le moyen-âge. Il est vrai d'ajouter qu'alors, par une réaction anti-païenne, on s'occupait infiniment plus de l'âme que du corps; l'ascétisme et la macération étaient universels, et tout ce qu'avaient pratiqué les anciens était réputé œuvre de Satan.

Aussi, est-il difficile de trouver dans l'histoire une époque plus féconde en maladies épidémiques et contagieuses. C'étaient le trousse-galand, le feu de saint Antoine, le mal des ardents, la danse de saint Gui, le tarantisme, la syphilis, la peste, les convulsionnaires, et cent autres fléaux qui, tour à tour, ravagèrent l'Europe. Le corps dédaigné semblait se venger de la tyrannie de l'âme.

Enfin, l'usage des eaux minérales rentre en faveur au seizième siècle.

Veut-on s'en convaincre, il suffit d'ouvrir le second livre de *Pantagruel* (1), et l'on verra comment le joyeux curé de Meudon, abstracteur de quintessence et docteur en médecine, explique l'origine des eaux thermales de

---

(1) Chapitre XXXIII.

« Cocteretz (1), Limous, Dast (2), Ballerue (3),
« Neric (4), Bourbonnensy (5) et ailleurs, » en France;
et, en Italie, de « Monsgrot, Appone, Santo-Pedro dy
« Padua, Sainte-Hélène, Casa-Nova, Santo-Bartho-
« lomeo, etc., etc. »

« Et m'esbahis grandement d'un tas de fous philo-
sophes et médecins, s'écrie Rabelais, qui perdent temps
à disputer dond vient la chaleur de ces dites eaux, ou si
c'est à cause du baurach (borax), ou du l'allum, ou du
salpetre qui est dedans la minere : car ilz n'y font que
ravasser et perdre ainsi le temps à disputer ce dont ilz ne
savent l'origine »

Ce passage suffit à prouver combien déja, il y a trois
cents ans, la Science renaissante était préoccupée de
déterminer la cause intime de l'action des sources minéro-
thermales. Les sources, dès lors, ne furent plus sans
visiteur, et l'emploi des eaux, comme moyen thérapeutique, n'a fait, depuis lors, que se répandre de plus en plus.

En France, l'usage des eaux minérales, abandonné un
instant pendant la tourmente révolutionnaire, tend de
jour en jour à se généraliser. Aller aux eaux devient en
quelque sorte une habitude de l'existence commune.
— Aujourd'hui, grâce à leur emploi thérapeutique mieux
connu et révélé par les progrès de la chimie moderne,

(1) Cauterets.
(2) Dax.
(3) Ballaruc.
(4) Néris.
(5) Bourbon-Lancy.

grâce aux chemins de fer qui ont supprimé toutes distances, les eaux minérales sont entrées dans nos mœurs par la porte de la Science, cette fois pour n'en plus sortir; c'est désormais un fait accompli.

# CHAPITRE IV

## *ANALYSE DE LEUR EMPLOI*

Ctuellement, les eaux minérales ne sont pas seulement prescrites pour combattre les affections chroniques, mais encore l'on n'attend plus, pour en conseiller l'usage, d'avoir épuisé toutes les ressources thérapeutiques de la pharmacologie. Sans avoir une foi bien robuste dans leur emploi comme moyen prophylactique, nous désirons pourtant les voir entrer dans les habitudes d'une hygiène bien entendue. C'est, semble-t-il, ce qui ne doit pas manquer d'arriver en un temps qui n'est peut-être pas très éloigné.

Par malheur, ce mode de traitement n'est encore accessible qu'à un petit nombre de privilégiés. Espérons, toutefois, — et nous n'en pouvons douter, — qu'on trouvera les moyens de mettre les sources à la portée du pauvre comme du riche.

Nous disons les sources et non pas l'eau minérale; car, — quoique en aient dit plusieurs de nos confrères dont nous ne saurions que louer les excellentes intentions, — nous posons en fait que les eaux minérales n'ont d'efficacité *réelle* que prises à la source. Or, on ne peut les prendre ainsi, sur place, que durant une partie relativement restreinte de l'année, afin d'être à même de jouir des circonstances les plus favorables à leur action. Cependant, que l'on y prenne garde, nous n'allons pas jusqu'à dire que les eaux minérales perdent de leur qualité à chaque renouvellement de saison. Nous disons seulement que les circonstances, servant d'utiles auxiliaires au traitement, n'existent que pendant quatre ou cinq mois de l'année.

Nous pensons donc, et nous avons des raisons personnelles pour émettre cette affirmation, nous pensons qu'en dehors des sources, et, pour parler plus rigoureusement, en dehors de leur point précis d'émergence, les eaux minérales deviennent inaptes à produire sur l'organisme cette action multiple et complexe qui le modifie si profondément.

Sans aucun doute, les eaux purgatives sont encore purgatives, les eaux sulfureuses ont encore le goût et l'odeur qui les caractérisent, les eaux ferrugineuses contiennent encore du fer, etc., mais toutes ont perdu le principe encore inconnu qui fait de chacune d'elles comme autant de spécifiques contre les diverses affections pour lesquelles nous les conseillons.

Pénétrés de la vérité de ce phénomène, certains médecins hydrologues en ont recherché la cause. On a émis et soutenu l'opinion que beaucoup d'eaux minérales et thermales, celles de Plombières, de Contrexéville, de Vichy, par exemple, n'ont d'action sur l'économie qu'en vertu des quantités minimes d'arsenic qu'elles contiennent. D'autres n'ont voulu attribuer leurs propriétés thérapeutiques qu'à la présence du fluor ou des fluorures. Les uns et les autres ne semblent pas comprendre comment les sels alcalins qui composent ces eaux, et qui, pour quelques-unes, les font si peu différer de l'eau commune, en aspect et en saveur, peuvent avoir les propriétés énergiques que leurs effets, journellement· observés, constatent.

Certes, toutes les eaux minérales contiennent, en solution très divisée, plus ou moins de soude, de magnésie, de manganèse, d'alumine, de fer, de brôme, d'iode, de soufre, d'arsenic, de fluor, de gaz acide carbonique, etc., etc. Loin de nous la pensée de nier d'une manière absolue qu'une part sensible de leur action ne soit due à la prédominance de quelques uns de ces éléments.

Mais que l'on essaye de guérir, à distance des sources, les coliques hépatiques à l'aide de l'eau de Vichy, de modifier la marche d'une affection chronique de la poitrine par l'usage des Eaux-Bonnes ou de celles du Mont-Dore, de guérir la gravelle, la goutte, les coliques néphrétiques, par l'eau de Contrexéville, de Vichy, le médecin, dans la plénitude de son jugement, et sans parti pris à l'avance, ne tardera guère à être convaincu de l'impuissance et de l'inefficacité de ces différentes eaux transportées.

Nous avons, en effet, la conviction que, jusqu'à présent, les hommes de Science se sont trop exclusi-

.vement préoccupés de l'analyse chimique des eaux minérales, laquelle ne peut expliquer toutes leurs propriétés médicales. Leur particularité synthétique n'a pas été assez sérieusement prise en considération.

# CHAPITRE V

## *VITALITÉ DES EAUX*

Ous ce rapport, les anciens me paraissent avoir approché plus près de la vérité, car ils attribuaient les propriétés médicales des eaux minérales aux qualités occultes, aux forces particulières de la terre.

Plus tard, et dans un temps peu éloigné de nous, les découvertes électro-chimiques firent supposer que le galvanisme, dont les phénomènes ont tant de puissance, pourrait expliquer l'origine, et surtout les propriétés thérapeutiques des eaux minérales et thermales. Nous sommes parfaitement de cette opinion.

La seule objection un peu sérieuse qu'on puisse opposer à ceux qui, avec nous, admettent cette théorie, est de vouloir faire agir les différentes couches terrestres à la façon d'une immense pile galvanique : comme l'électricité varie constamment dans ses effets, les eaux minérales étant le produit de l'action de pôles opposés, la même eau serait tantôt acide, tantôt alcaline, tandis qu'elle est toujours identique, et dans sa composition chimique et dans son action thérapeutique.

2

Nous répondrons à cette objection :

. Les diverses couches superposées peuvent contenir les substances propres à neutraliser les effets variés de l'électricité. En outre, point de combinaison chimique sans production de galvanisme. Or, comme les combinaisons chimiques, pour les eaux minérales, ne peuvent se produire qu'en traversant les différentes couches calcaires, invariables dans leur composition géologique, l'électricité produite est toujours de même nature; par conséquent, l'eau minérale est toujours identique.

Mais, pour bien apprécier les divers effets thérapeutiques des eaux minérales, il ne s'agit pas tant, selon nous, de commenter, avec plus ou moins de vérité et de profondeur, le rôle respectif des divers éléments chimiques qui les constituent, que de les prendre dans leur *état de vie* comme formant un TOUT INDIVIDUEL.

Un jour, à Contrexéville, sommé par un groupe de buveurs de donner l'explication de la valeur thérapeutique si marquée de cette eau prise à la source et de son peu d'efficacité bue au loin, pris au dépourvu et, il faut bien l'avouer, un peu embarrassé par cette question, je cherchai à la résoudre à l'aide de périphrases et de circonlocutions, lorsqu'un brave paysan, l'un de mes auditeurs, voyant mon embarras, d'un mot formula ma pensée. « Je vous comprends, me dit-il; *il faut la boire* VIVANTE. »

Oui! il faut *boire* VIVANTES les eaux minérales, car, loin de la source, elles ont vite perdu ce *degré de vie* qui les rend si utiles et si précieuses à notre pauvre humanité. Mais les causes de toute essence de vie échappent encore aux recherches de la Science, et l'homme ici-bas n'est peut-être appelé à régner que sur l'inertie de la matière? A la seule pensée d'une aussi triste destinée, notre intelligence se révolte et proteste. Pourtant, il faut confesser notre ignorance actuelle.

Les observateurs impartiaux ont remarqué, comme nous, que les eaux n'agissent pas uniquement en raison de leur composition chimique. — « Il y a, dit le docteur « Civiale (1), il y a une circonstance qui frappe relati-« vement à l'influence qu'on attribue à ces eaux (aux « eaux minérales) dans le traitement des graveleux : « c'est que celles qui paraissent le moins propres à pro-« duire les effets qu'on leur attribue agissent à peu près « de la même manière que celles qui, en raison de leur « composition, sont réputées les plus favorables. »

. Quoi qu'il en soit, risquons une explication, encore bien incomplète sans doute, mais qu'il n'est peut-être pas sans intérêt d'émettre dès aujourd'hui.

(1) *Du Traitement de la pierre et de la gravelle*, page 87.

# CHAPITRE VI

## PRINCIPES DES EAUX

E dosage et la composition chimique des eaux minérales se fait sous terre, à l'abri du contact de l'air et de la lumière, ces agents de décompositions par excellence. Dans ces conditions souterraines, les eaux se saturent des gaz et de l'électricité latente qui résulte de leur composition chimique, et qui, pour nous, constitue surtout leur principale action thérapeutique. Hors de la source, loin de la source, les eaux étant soumises, même pour un temps de très courte durée, à l'action de l'air et de la lumière, les gaz s'en échappent, se volatilisent; l'électricité, source de toute vie, disparaît avec la cause qui la produit, l'âme s'envole, et il ne reste plus, selon l'expression de Bordeu, *qu'un cadavre!*

Cela est si vrai, que les eaux minérales artificielles, recomposées de toutes pièces dans les laboratoires, exactement avec les mêmes éléments chimiques que ceux que l'analyse la plus rigoureuse a pu découvrir et constater, ne produisent aucun effet thérapeutique : leur action est nulle. Quelle que soit, au reste, la perfection d'imitation, on s'aperçoit bientôt que quelque chose d'essentiel leur manque; il est même impossible de reproduire fidèlement tous leurs caractères physiques, encore moins leurs propriétés médicales. Eh bien! il est hors de doute, pour nous, que la grande majorité des eaux minérales naturelles loin des sources, *rentrent dans les conditions des eaux artificielles*.

Donc, à nos yeux, *tous les produits minéraux et chimiques dont la présence est constatée par l'analyse, concourent aux propriétés thérapeutiques des eaux minérales*, mais sous l'influence d'un principe supérieur, qui n'est autre que *cette force particulière* des anciens, se combinant avec tous ces éléments, à l'abri des agents de décomposition, et qui, par sa présence plus ou moins concentrée, détermine *la vitalité*, la propriété particulière et la valeur thérapeutique de chaque source.

Quel est donc cet agent qui, coadjuteur de Dieu, crée à l'infini des combinaisons inimitables, ce principe, cette force encore inconnue, latente, insaisissable, qui nous échappe comme l'ombre, et qui pourtant donne la vie, même aux substances inorganiques ?

# CHAPITRE VII

## *L'OZONE*

Et agent, *c'est la force électro-chimique* (1), force dont nous pouvons affirmer la présence, mais dont, en l'état actuel de la Science, il est impossible, soit d'indiquer la quantité, soit de recueillir la moindre parcelle; substance primaire, source de vie, panacée universelle; enfin, et en un mot, le grand œuvre des alchimistes et le but suprême de leurs recher-

(1) Quelque téméraire que puisse paraître notre affirmation, nous ne sommes cependant pas le seul à partager cette manière de voir. La lettre suivante, qui nous a été adressée. en fait foi :

« L'observation que j'ai promise au docteur Treuille est bien simple. — Elle corrobore la pensée qu'il y a dans les eaux thermales ou minérales un agent, *sui generis* (électricité ou autre), qui échappe à l'analyse chimique et qui opère par une action inconnue.

« Le fait que j'ai personnellement remarqué et éprouvé est celui-ci : la source Bodot, aux Eaux-Chaudes (Pyrénées), est *chimiquement* identique à la source principale des Eaux-Bonnes. La thermalité est aussi la même. Cependant, tandis que je pouvais à peine supporter un demi-verre d'Eaux-Bonnes, je supportais sans fatigue et sans phénomènes spéciaux un et même deux verres d'eau de la source Bodot.

« J'ai rapporté de mes expériences personnelles sur le traitement par les eaux minérales, la conviction qu'un agent *inanalysable* y joue le rôle le plus efficace.

« Son dévoué,

« J. C. »

ches si longues, si pénibles, mais, hélas! si décevantes.

Et pourtant, c'est cette mystérieuse force électro-chimique qui vivifie les eaux minérales. Elle se traduit à nous sous forme d'*ozone*, de cet ozone dont la présence, *non révélée* dans l'atmosphère, fait que quatre mille personnes meurent dans une nuit en temps de choléra!

Aujourd'hui, mieux instruits par l'expérience que les anciens alchimistes, munis, du reste, d'intruments de recherche plus perfectionnés, doués de moyens d'action plus complets, guidés par le flambleau de l'analyse, essayons de dire sommairement ce que c'est que l'ozone, d'indiquer quel est son rôle physiologique et de prévoir ses effets sur l'organisme.

L'ozone, c'est l'*oxygène électrisé* ou l'oxygène oxygéné. Il existe comme partie constituante dans l'air atmosphérique et il s'y trouve en plus grande quantité l'hiver que l'été. Il se produit naturellement, surtout pendant la nuit. On le produit chimiquement en décomposant l'eau au moyen de l'étincelle électrique. Toute eau, acidulée par les acides sulfuriques et azotiques, ou saturée par des sels fortement oxigénés, contient une forte portion d'ozone.

Suivant M. Schonbcim, l'ozone est l'agent le plus oxydant de la nature. M. Marignac considère l'ozone comme une modification particulière de l'oxigène augmentant ses affinités chimiques. M. Schonbeim, lui, regarde l'ozone comme étant de l'hydrogène à un degré supérieur d'oxygénation.

Malgré tout, l'ozone échappe encore à tous nos moyens

d'analyse, et toutes les explications qu'en ont données les chimistes qui s'en sont le plus occupés, ne sont, jusqu'à présent, que de pures hypothèses.

Néanmoins, on peut, dès aujourd'hui, considérer l'ozone comme étant l'oxigène porté à sa plus haute puissance. Il brûle à froid l'argent, inattaquable par l'oxygène ordinaire. Par analogie, l'ozone doit avoir un grand degré d'énergie pour l'hématose la revification du sang. L'expérience a déjà démontré qu'un des moyens les plus puissants de rétablir la circulation est la respiration de l'air oxygéné.

Donc, il est permis de considérer l'ozone, à *certaines doses,* comme le véritable OXYGÈNE VITAL, cet oxygène sans lequel l'hématose ne peut avoir lieu que d'une façon incomplète, même pour les sujets en santé. C'est un agent absolument nécessaire comme principe vital. S'il est essentiel à la vie, ou même seulement utile à la respiration, quels terribles effets ne doit-il pas produire s'il vient à manquer totalement! Mais aussi, quels heureux résultats on en retirera si on l'administre en combinaison des sels minéraux avec lesquels il y a le plus d'affinité! Eh bien! *toutes les eaux minérales prises à leur point d'émergence, donnent plus ou moins cette heureuse combinaison.*

Nous avons dit plus haut que l'ozone, respiré à certaines doses, pouvait être considéré comme le véritable oxygène vital. Mais s'il se trouve combiné en trop grande quantité dans l'air atmosphérique, il devient asphyxiant, impropre à la respiration, et c'est ainsi que, croirions-nous, s'expliqueraient les accidents qui accompagnent les effets de la foudre.

En temps d'épidémie, on voit souvent l'ozone devenir rare ou manquer totalement; c'est ce qui eut lieu dans cette fatale nuit du 14 au 15 juin 1849, où tant de victimes succombèrent.

D'un autre côté, M. Schonbeim a observé, en 1855, à Berlin, une grande quantité d'ozone dans l'atmosphère pendant une épidémie de grippe. On peut en quelque sorte donner l'explication de cette épidémie de grippe par l'excès d'ozone, agissant directement sur les muqueuses bronchiques comme agent permanent d'irritation et, comme tel, devenant cause d'inflammation.

# CHAPITRE VIII

## *CONCLUSION*

EN résumé, nous avons voulu faire ressortir ceci :
Ce qui, dans les eaux minérales et thermales, exalte leur action thérapeutique, est dû, bien plus à la présence de la force électro-chimique, qu'aux produits chimiques qu'elles contiennent.

Et, en effet, quoique cet agent, ne soit en soi ni *absolument* de l'ozone, ni de l'électricité, il n'en manifeste pas moins la puissance de ces deux forces. L'électricité est connue, mais l'ozone l'étant beaucoup moins, nous nous sommes permis d'en rappeler très sommairement les principaux caractères.

Nous terminerons en disant à la chimie, avec M. Victor Antoine, « que, si elle ignore encore la substance électro-
« chimique, c'est qu'elle est obligée, pour rechercher les
« vérités qu'elle demande à la matière, de désunir, de
« diviser, de décomposer les principes constituants des
« corps, et que, dans ces opérations, elle perd ce qu'il
« faudrait recueillir. »

Peut-être se croira-t-on en droit de nous objecter que nous avons trop cultivé le domaine de la spéculation et trop creusé le champ de l'hypothèse. Soit! Mais que nos conjectures présentent simplement quelques probabilités, et qu'elles méritent l'attention des esprits sérieux, nous nous estimerons déjà fort satisfait.

Nier les phénomènes dont il est encore impossible de donner l'explication catégorique, n'est plus de notre époque. Un des plus vrais titres de gloire du dix-neuvième siècle est l'investigation dans le domaine de l'inconnu.

Que ces deux motifs réunis servent donc d'excuse à ce que peut avoir de trop audacieux, au point de vue de la science pure, ce que nous avons avancé. D'ailleurs, soulever des hypothèses, n'est-ce pas souvent préparer la solution de questions importantes.

# CONTREXÉVILLE

## CHAPITRE PREMIER

*TOPOGRAPHIE. — HISTORIQUE DES EAUX*
*ÉTAT ACTUEL DES SOURCES*

’Ai été conduit à Contrexéville pour y soigner une affection des reins et de la vessie dont je souffrais depuis plus de vingt années. Après avoir vainement épuisé les divers traitements en usage, j’ai enfin obtenu, grâce à l’action bienfaisante de ces eaux, la guérison de mes cruelles souffrances, j’ai recouvré complétement une santé dont je désespérais, et j’ai eu le bonheur de pouvoir me consacrer de nouveau à ces occupations médicales qui me sont si chères.

Je crois donc avoir contracté une dette envers Contrexéville, et je l’acquitte à ma manière, en venant, après tant d’autres (1), mieux autorisés peut-

---

(1) MM. Bagard, Thouvenel, Mamelet, Baud, Constantin James, Haxo, Legrand du Saulle, J. Nicklès, Th. Lepage, etc.

être, mais non moins convaincus, affirmer les propriétés merveilleuses de ses eaux, propriétés éprouvées par tant de pauvres malades et par moi-même en particulier.

Sans doute, je n'ai point à dire des choses bien nouvelles. Mon but n'est point de découvrir, d'inventer, mais de constater, une fois de plus, quelles sont les propriétés thérapeutiques des eaux de Contrexéville, et, en les louant comme elles le méritent, d'étendre à mon tour, dans la mesure de mes forces, leur réputation encore beaucoup trop restreinte.

Puisse ma voix être entendue de tous ceux qu'affligent des douleurs identiques à celles dont j'ai si longtemps souffert, et j'aurai rempli ce que je me plais à considérer comme un devoir! Puissé-je aussi, un jour prochain, voir la vie et la richesse circuler en ce village, si humble mais si intéressant, puisque l'on y peut retrouver la santé perdue! le bien des biens cette richesse interne de l'humanité.

Tels sont mes vœux. Je n'écris que pour en hâter l'accomplissement (1).

*TOPOGRAPHIE*. — Contrexéville est une commune située dans le canton de Vittel, arrondissement de Mirecourt, département des Vosges, à trois cents kilomètres de Paris, soixante-dix de Nancy, quarante-six

---

(1) Ces lignes ont été écrites en 1858.

d'Épinal, cinquante-six de Plombières, vingt-cinq de Neufchâteau, trente-cinq de Domrémy. On s'y rend de Paris en douze heures par le chemin de fer de l'Est.

Ce village est, pour ainsi dire, blotti au fond d'une vallée qui s'ouvre du Sud au Nord. Quand on s'y rend, on n'aperçoit son clocher que de très près ; on ne le voit lui-même, avec ses maisons et ses vergers, que lorsque l'on y est arrivé. Il est traversé par une petite rivière, le Vair, qui prend sa source non loin, et qui, augmentée d'un autre ruisseau, court, à travers une prairie charmante, se jeter dans la Meuse, près de Domrémy. Le sol sur lequel est assis Contrexéville, à une profondeur de plusieurs mètres, à pour base des couches d'alluvion, infiltrées par des nappes d'eaux souterraines jusqu'à une petite distance de la surface. L'air y est vif et salubre. Le parc et les jardins de l'Établissement sont plantés de beaux arbres d'essences variées.

Les environs présentent beaucoup d'agréments aux voyageurs. A quatre kilomètres à peine, du côté du village de Dombrot, du sommet de la montagne appelée *le Haut de Salin*, on peut jouir de la vue des montagnes des Vosges et du Jura, se dessinant à travers un horizon immense, coloré de mille teintes admirables au lever et au coucher du soleil. Contrexéville, même est entouré de plaines fertiles, de prairies émaillées de fleurs et de forêts magnifiques. Les touristes se plaisent à aller faire une excursion aux ruines du château de La Mothe, à s'asseoir sous le chêne des Partisans, à courir à travers les

délicieux vallons de Bonneval et de la Chèvre-Roche,
véritable oasis de verdure au milieu de blocs de
rochers.

Enfin, on doit honorer d'un pèlerinage patriotique la·
.maison où naquit Jeanne d'Arc, et l'on peut prendre
Contrexéville pour point de départ ou de retour de
pérégrinations un peu plus lointaines à travers les gorges
des Vosges.

*HISTORIQUE DES EAUX*. — Les eaux de Contrexéville ont guéri de temps immémorial les habitants du
village même et des villages voisins des maladies
des organes digestifs et urinaires. — Aujourd'hui,
hâtons-nous de le dire, leur effet n'est pas moindre
qu'il n'était autrefois : la plupart de ceux qui s'en
servent éprouvent un soulagement très sensible à
leurs maux, avant même la fin du temps voulu pour le
traitement.

Pourtant, la renommée de ces eaux ne date que du
milieu du dix-huitième siècle. C'est en 1759 qu'une cure
réputée merveilleuse les désigna à l'attention du docteur
Bagard, premier médecin du roi, président et doyen du
collége de médecine de Nancy, du temps de l'ex-roi de
Pologne, *le bon* Stanislas, qui a laissé des souvenirs
si populaires dans toute la contrée. M. Bagard lut son
mémoire à la Société des sciences et arts de Nancy,
le 10 janvier 1760. Il y révéla les propriétés chimiques et
les vertus médicinales de ces eaux, que le monde scientifique ignorait alors complétement.

Un peu plus tard, 1774-1775, le docteur Thouvenel

fut envoyé à Contrexéville par l'inspecteur général des eaux minérales de France, pour analyser les eaux de ce village. Il y trouva l'abbé de Bouville, qui s'était fait déjà opérer de la pierre, et qui, sa maladie persistant, était venu là faire un suprême essai de guérison. L'établissement des eaux de Contrexéville doit sa fondation et sa célébrité à ces deux honorables personnages.

Avant eux, ce qu'on appelle aujourd'hui *la Fontaine du Pavillon*, n'était qu'un grand trou difficilement abordable, parce qu'il était comme perdu au milieu d'une espèce de marais. Pour y prendre de l'eau, on était obligé de descendre plusieurs marches, pratiquées dans le sol même, et que soutenaient fort mal des planches à demi étayées à l'aide de piquets. Ces planches qui soutenaient les terres n'empêchaient point le mélange des eaux pluviales et même marécageuses avec l'eau guérissante de la source, qui avait alors environ vingt-cinq pieds de profondeur. Enfin une source souterraine d'eau commune venait sans cesse diminuer la valeur thérapeutique de l'eau minérale pure.

Grâce à M. l'abbé de Bouville, qui fit les frais nécessaires, car le propriétaire du jardin où était située la fontaine était trop pauvre pour s'en charger, M. Thouvenel fit chercher la source minéralisée que l'on trouva à quarante pieds de profondeur environ, et qui fut isolée de la source d'eau commune au moyen d'un puits en maçonnerie, fermé hermétiquement par un bloc de pierre.

Ces travaux indispensables étant achevés, la célébrité

des eaux de Contrexéville ne manqua pas de s'étendre au loin. Les princes et les premières familles de la cour de France les fréquentèrent, et, à cette époque, ce village, si petit à cette heure, avait une jolie salle de spectacle où les plus hauts personnages se plaisaient à jouer eux-mêmes la tragédie et la comédie.

Presque abandonnées, comme la plupart des eaux de France, durant la révolution, les eaux de Contrexéville rentrèrent en faveur au retour de la tranquillité publique. Les sommités aristocratiques, militaires, politiques, artistiques, industrielles et financières, y vinrent recouvrer la santé. Des étrangers, Italiens, Espagnols, Allemands, Anglais, Russes, Suédois et même Américains, s'y donnèrent rendez-vous en nombre considérable. Et, à présent, Contrexéville jouit, plus que jamais, d'une renommée méritée à juste titre.

*ÉTAT ACTUEL DES SOURCES.* — La source principale, celle dite du *Pavillon* ou de la *Buvette*, se trouve aujourd'hui exactement telle qu'elle a été installée, grâce à l'abbé de Bouville, au siècle dernier. Un puits cimenté, d'une profondeur de treize mètres, l'isole des terres. Ce puits est fermé à l'aide d'un bloc de pierre, et le trop plein s'en échappe par une ouverture de niveau avec le sol. L'eau tombe dans une vasque de pierre, pour de là passer dans un canal de décharge qui la jette dans le Vair. Aux alentours, on a eu soin de dissimuler, à l'usage des buveurs, plusieurs *retraites*, qui, avouons-le, ne sont pas encore assez nombreuses.

Le puits conserve intactes et invariables la température
et la limpidité de l'eau. Mais il n'en est pas de même du
volume, qui suit les phases de la sécheresse ou d'humidité
de l'atmosphère, non plus que du *quantum de minérali-
sation*, ce qui surtout est fâcheux. Or, voici, selon
M. Baud, dont j'ai pu vérifier le dire, quelles sont les
conséquences de cette variabilité. Concentrée, l'eau est
plus excitante, plus astringente, et son action sur les
organes est plus énergique. Cette variabilité n'est-elle
qu'accidentelle, ou plutôt ne proviendrait-elle pas de ce
que le puits, si vieux, laisserait s'infiltrer des eaux du
Vair, dont il a pour but d'isoler la source ? C'est ce qu'il
faudrait observer avec soin, sans quoi les buveurs ne
peuvent se passer journellement d'avoir recours à leur
médecin pour savoir à quelle dose prendre la boisson
plus ou moins minéralisée.

D'autre part, — et ceci n'a point encore été observé,
si ce n'est par les buveurs eux-mêmes, — pour remplir
son verre à cette source du *Pavillon*, il faut descendre
trois marches, puis encore se baisser au niveau du
sol. Il est facile de concevoir que ce mode compliqué
de puisement devient souvent difficile aux personnes
âgées, qu'il est toujours pénibles aux dames, impossible
aux goutteux. Il serait donc urgent d'établir une vasque
où chacun pourrait puiser l'eau sans être obligé de
se baisser (1).

En outre de la source du *Pavillon*, Contrexéville en

(1) Constatons avec plaisir que des améliorations ont été faites

possède deux autres, dites des *Bains*, dont les propriétés thérapeutiques sont en tout point identiques a celle de la premiêre. Le captage en est nul. Elles coulent à l'air libre sans être mises à l'abri contre aucun des accidents atmosphériques.

# CHAPITRE II

*PROPRIÉTÉS PHYSIQUES ET CHIMIQUES DES EAUX*

Isons maintenant quelques mots des propriétés physiques et chimiques de l'eau minérale de Contrexéville.

La source du *Pavillon* produit, par minute, soixante-dix-huit litres d'eau. Ce volume est constant durant les grandes chaleurs, mais il augmente après les grandes pluies. Nous avons dit déjà que, vu l'état du puits, les infiltrations d'eau commune étaient à craindre.

L'eau minérale a un goût de fer; elle est fraîche, douceâtre et légèrement acidulée.

Sa limpidité est parfaite, et les variations de volume ne l'altèrent en rien.

Au fond des bassins qui la recueillent, ainsi que dans son parcours à l'air libre, elle laisse se former à sa surface une légère écume qui disparaît par l'agitation et se reforme au repos.

Sa température est, selon Mamelet, de 8 degrés et demi Réaumur; selon le docteur Baud, de 12 degrés centigrades. Quant à nous, nous avons reconnu qu'elle est fixe de 10 degrés et demi.

Des expériences réitérées ont prouvé qu'elle pèse, par

litre, 2 grammes 20 centigrammes de plus que l'eau distillée.

Mise en ébulition, elle abandonne de l'acide carbonique, de l'oxigène, de l'azote ; le résidu déposé par elle contient du carbonate de chaux, de la magnésie, du sulfate de chaux. On y a encore signalé la présence de l'acide sulfurique, du fer et quelques traces d'arsenic.

Des savants distingués ont analysé, à diverses époques, l'eau minérale de Contrexéville ; nous devons donner le résultat de leurs travaux.

Voici d'abord l'analyse qui a été faite, en 1820. par Nicolas, sur *1 pinte* :

|  | GRAINS. |
|---|---|
| Sulfate de chaux. . . . . . . . . . . . . . | 5 |
| Sulfate de magnésie . . . . . . . . . . . | 1/2 |
| Muriate de soude. . . . . . . . . . . . . | 1 1/2 |
| Protoxide de fer surcarbonaté. .·. . . . . . | 1/2 |
| Acide carbonique *(traces non appréciables)*. . | 0/0 |
|  | 7 1/2 |

Voici maintenant celle de M. Fodéré, professeur à Strasbourg, en 1822, sur *44 onces d'eau évaporée* :

|  | GRAINS. |
|---|---|
| Sulfate de chaux et de magnésie. . . . . . | 24 |
| Sous-carbonate de chaux et de magnésie. . | 28 |
| Muriate de chaux et de magnésie. . . . . | 1 1/2 |
| Protoxide de fer surcarbonaté . . . . . . . | 1 1/2 |
| Silice . . . . . . . . . . . . . . . . . . . | 2 1/2 |
| Matière organique. . . . . . . . . . . . . | 0 1/2 |
|  | 58 |

L'analyse suivante, plus détaillée, est aussi plus précise ; elle diffère de celles qui précèdent par le nombre et la nature des principes salins. Elle a été faite, en 1828, par M. Collard de Martigny, sur *deux kilogrammes* d'eau minérale.

|  | GRAMMES CENT. |
|---|---|
| Sulfate de chaux. | 2,159 |
| id. de magnésie | 0,043 |
| Sous-carbonate de chaux. | 1,611 |
| id. de magnésie. | 0.033 |
| id. de soude. | 0,007 |
| Muriate de chaux | 0,076 |
| id. de magnésie. | 0,028 |
| Nitrate de chaux *(traces inappréciables).* | » |
| Protoxide de fer surcarbonaté. | 0,181 |
| Silice. | 0,350 |
| Matière organique. | 0,067 |
| Perte | 0,003 |

M. Collard a déterminé, pour la première fois, la nature et la proportion des gaz contenus dans l'eau de Contrexéville. A la température de o' et sous la pression d'une colonne de mercure de 0,77, cette eau a été reconnue comme contenant un peu moins que les deux tiers de son volume de gaz.

| Oxygène. | 11 |
|---|---|
| Azote. | 30 |
| Acide carbonique. | 59 |

Des expériences faites par M. Chevalier, membre de l'académie de médecine avec le concours de M. A.-F. Mamelet, ont constaté la présence de l'arsenic dans le résidu laissé par l'eau de Contrexéville évaporée.

En raison de cette minime quantité, les eaux de Contrexéville seraient, écrivait M. Chevalier à M. A.-F. Mamelet (23 septembre 1850), « un médicament homœopathique, si l'arsenic ne jouissait pas de propriétés aussi marquées. Mais je crois que même cette petite quantité de matière toxique doit avoir de l'action sur l'économie. »

L'analyse la plus récente des eaux de Contrexéville est due à M. Ossian Henri, membre de l'Académie de médecine. Elle a été faite, en 1852, sur un litre de liquide, pris à la source du *Pavillon*.

LITRES.

| PRINCIPES VOLATILS | | |
|---|---|---|
| | Acide carbonique libre . . . . . . . . . | 0,019 |
| | Azote avec un peu d'oxygène. . . . . . | *indéterminé* |

GRAMMES.

| PRINCIPES FIXES | | | |
|---|---|---|---|
| Bi-carbonates. | de chaux . . . . . . . . . . | 0,675 | } 0,896 |
| | de magnésie. . . . . . . . . | 0,220 | |
| | de soude . . . anhydre. . . | 0,197 | |
| | de fer et de manganèse. . . | 0,009 | |
| | de strontiane, sans doute carbonatée. . . . . . . . . . | *indices.* | |
| Sulfates anhydres. | de chaux . . . . . . . . . . | 1,150 | |
| | de magnésie. . . . . . . . . | 0,190 | |
| | de soude . . . . . . . . . . | 0,130 | |
| | de potasse. . . . . . . . . | *indices.* | |
| Chlorures. | de sodium, de potassium | 0,140 | |
| | de magnésium. . . . . . . | 0,040 | |
| Iodure, Bromure. | alcalins ou terreux. . . . . . | *indices.* | |
| Silicates. | Silice, Alumine | 0,120 | |
| Azotate. . . . . . . . . . . . . . . . . | | *indices.* | |
| Phosphate de chaux ou d'alumine . . . | | | } 0,070 |
| Matière organique azotée. . . . . . . | | | |
| Principe arsenical, uni au fer sans doute . | | | |
| Perte. . . . . . . . . . . . . . . . . | | | |

| | | |
|---|---|---|
| Principes minéralisateurs . . | 2,941 | } 1,000 |
| Eau pure . . . . . . . . . . | 997,059 | |

Depuis lors (5 mai 1857), un mémoire adressé à l'Académie des sciences, par M, J. Niklès, chimiste distingué, a signalé en particulier, dans l'eau de Contrexéville, la présence d'un nouvel élément chimique, le fluor, dont on ne connaît pas encore très nettement les propriétés physiologiques et thérapeutiques.

« J'en ai trouvé, dit M. Niklès, en quantités sensibles à l'état de fluorures. L'eau de Contrexéville en est bien plus riche que celle de Plombières... Le fait de la présence des fluorures dans des eaux minérales qui jouissent d'une réputation si méritée, me semble de nature à appeler l'attention des médecins sur les propriétés thérapeutiques de ces combinaisons, propriétés non encore étudiées, bien qu'on sache qu'elles ne sont pas toxiques. »

Sans vouloir nier que la présence du fluor dans les eaux minérales ne puisse contribuer au développement de leur action thérapeutique, nous croyons avoir établi plus haut qu'elle est loin de suffire à l'expliquer.

# CHAPITRE III

## *ACTION PHYSIOLOGIQUE DES EAUX*

Tudions à présent l'action physiologique des eaux de Contrexéville.

Voici quels sont leurs premiers effets sur les buveurs : la respiration et la circulation sont accélérées; toutes les sécrétions, et en particulier les urines et les selles, sont augmentées d'une manière très notable.

Plus tard, après quelques jours d'usage, les eaux produisent des phénomènes bien marqués sur le système nerveux. On se sent pris d'une mobilité inaccoutumée, on est sujet à l'insommie, on fait des rêves fatigants, et les fonctions génitales éprouvent une surexcitation. Puis, tout l'organisme retombe dans une apathie générale.

Les eaux de Contrexéville sont prescrites à la dose de trois ou quatre verres durant les premiers jours, et, les jours suivants, selon une proportion progressive, on augmente la dose d'absorption, qui doit diminuer, selon la même proportion progressive, pendant les derniers jours du traitement.

Quoi qu'en aient dit nos prédécesseurs dans l'étude de

ces eaux, il ne convient pas de les prendre à doses trop
élevées. Leur très puissante action sur toutes les fonctions de l'économie pourrait troubler l'équilibre de la
santé générale. C'est pourquoi nous ne saurions trop
avertir des dangers que courent les personnes qui, avec
ou sans l'approbation de leurs médecins, absorbent, dans
une même journée, quinze, vingt et jusqu'à trente verres
de ces eaux, si bienfaisantes lorsqu'elles sont prises avec
méthode et modération. Les absorber en pareille quantité est un excès condamnable, et auquel, par malheur,
trop de buveurs semblent être portés. Nous ne craignons
pas de leur dire que les débauches d'eau guérissante
peuvent aboutir exactement aux mêmes résultats que
des débauches d'un autre genre.

Contrairement à l'avis de quelques-uns de nos confrères,
qui prescrivent aux malades de boire les eaux de
Contrexéville à peu près à leur guise dans le courant du
jour, et même, au repas, mêlés au vin, nous pensons, —
et cela après expérience, — qu'elles ne doivent être bues
que le matin à jeun, et à la dose de dix verres tout au
plus. En effet, si on les prend dans la journée, après,
entre ou pendant les repas, — purgatives comme elles le
sont, — elles troublent le travail de la digestion, le
compliquent de telle sorte que les effets naturels du
traitement s'en trouvent empêchés.

Que les malades y songent! à force de vouloir préci-
piter le retour de leur santé, qu'ils n'en précipitent pas
la perte! Nous ne saurions leur recommander avec trop
d'insistance de suivre des prescriptions dont notre propre

guérison et celle des personnes qui nous ont imité prouvent incontestablement la justesse.

Les eaux de Contrexéville sont, avant tout, diurétiques. Une heure à peine après leur ingestion, — c'est-a-dire après le quatrième verre, — si, comme on doit le faire, on en boit un verre de quart-d'heure en quart-d'heure, leur effet commence à se produire, et l'urine, évacuée dans la matinée, est environ d'un tiers supérieure en quantité à l'eau bue. Vivement sollicités, les reins exercent énergiquement leur fonction excrétoire et soustraient à l'économie plus de liquide que dans l'état normal.

Comme dans plusieurs autres stations thermo-minérales, à Contrexéville la cure est de vingt et un jours. Ce nombre de vingt et un jours ne peut pourtant pas être considéré comme absolu. Ou doit continuer à boire plus longtemps si l'état morbide se perpétue et tant qu'il subsiste. Du reste, la saturation se produisant toujours par une répulsion instinctive, on est par elle assez averti de l'heure à laquelle la médication doit être abandonnée. Cette saturation survient le plus souvent entre le seizième et le vingtième jour.

Quoique le caractère spécial de l'eau de Contrexéville soit d'être éminemment diurétique, il s'en faut de beaucoup qu'elle reste sans action sur le reste de l'organisme. Nous devons donc faire connaître à présent comment elle agit sur les principaux organes de l'économie.

# CHAPITRE IV

*APPAREIL DIGESTIF*

Endant tout le traitement, les fonctions de l'appareil digestif sont fortement simulées. L'appétit des buveurs est tellement surexcité que tous sont portés à abuser de la nourriture, et que les cas d'indigestion sont des plus fréquents.

Souvent il arrive que nombre de buveurs se traitant pour la goutte ou la gravelle, voient disparaître certain état dyspepsique, qui jusqu'alors avait résisté à toute espèce de médication.

Pendant les libations de la matinée, les selles se multiplient plus ou moins suivant la susceptibilité du sujet. Jamais pourtant ces selles ne fatiguent autant qu'une purgation ordinaire. Habituellement, l'état normal se rétablit dans la journée même.

D'autre part, malgré l'action stimulante de l'eau de Contrexéville sur l'estomac, si on la boit à dose trop forte et trop coup sur coup, elle provoque parfois sur le cerveau des vertiges des étourdissements, une sorte d'ivresse, enfin, très comparable à celle que l'on éprouve après un repas copieux. Les abus de l'eau peuvent amener des accidents encore plus graves. Le brave paysan, dont nous avons eu l'occasion de parler, a failli en être victime. Nous pourrions citer encore M. R… qui a été très sérieusement indisposé, et que son indisposition n'a pas guéri de son intempérance hydro-minérale.

Néanmoins, — hâtons-nous de le dire, — l'eau de Contrexéville est peut être, de toutes les eaux minérales, celle que l'on peut boire impunément en plus grande quantité.

# CHAPITRE V

## *APPAREIL PULMONAIRE*

’Est surtout sur l’appareil pulmonaire qu’apparaît l’incitation si puissamment vitale et dynamique de l’eau de Contrexéville. Par son usage ont été guéris des cas nombreux de bronchite et de laryngite chroniques.

Qu’il me soit permis de me considérer moi-même comme sujet d’observation.

Cette année même (1858), je suis arrivé à Contrexéville atteint d’un commencement d’angine. Il provenait de ce que toute une nuit, passée en voyage, j’avais été exposé à un courant d’air produit par l’ouverture d’une portière. A cause de cette complication de mon état morbide, je craignais de ne pouvoir immédiatement me soumettre à la cure par l’eau minérale. J’allai pourtant à la source, et quel ne fut pas mon étonnement lorsque je m’aperçus qu’après ma première séance l’angine avait complétement disparu!

Une autre fois, méconnaissant toutes les règles de l’hygiène, — cela, faut-il l’avouer? par la faute d’un de nos plus spirituels académiciens, M. de Saulcy, qui

raconte avec trop de charme ses excursions à la mer
Morte et ses voyages à travers les régions les plus fantas-
tiques, — je m'étais oublié à rester en plein air et fort
légèrement vetu jusqu'à près de minuit. Je payai mon
imprudence d'une nouvelle angine beaucoup plus carac-
térisée que la première. J'allai néanmoins à la source, et,
comme précédemment, je me trouvai guéri le jour même.

Il me serait facile de multiplier les exemples. Ceux-ci
ont dû me convaincre. Ne suffiront-ils pas à convaincre
mes lecteurs?

# CHAPITRE VI

*APPAREIL GÉNITAL*

'Excitation générale que l'eau de Contrexéville produit sur les organes génitaux découle natu- rellement de la suractivité qu'elle imprime à l'organisme. Cette excitation se traduit, chez les hommes, par des érections plus fréquentes que d'habitude, par des pollutions nocturnes, et même, chez quelques-uns, par des désirs charnels depuis longtemps oubliés. Chez les femmes, — à cause de leur nature particulière et de leur organisation différente de celles des hommes, — l'excita- tion a pour effets principaux d'avancer les époques menstruelles, de rendre les règles plus abondantes et de plus longue durée. On peut donc, aux propriétés déjà nombreuses de l'eau de Contrexéville, ajouter, sans crainte d'être contredit, la propriété *aphrodisiaque*.

On comprend sans peine quels services on peut retirer des propriétés toniques de cette eau, de son application sous forme de bains et surtout de douches, pour les cas d'engorgement et de déplacement de l'utérus. Les bains et les douches étant bien organisés à Contrexéville, cette station d'eau minérale n'a rien à envier à celles qui ont acquis le renom de guérir le mieux les affections de cette sorte.

# CHAPITRE VII

## *APPAREIL URINAIRE*

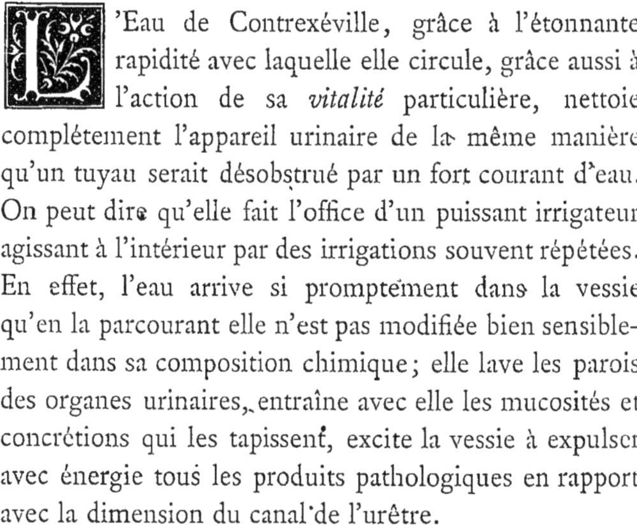

’Eau de Contrexéville, grâce à l’étonnante rapidité avec laquelle elle circule, grâce aussi à l’action de sa *vitalité* particulière, nettoie complétement l’appareil urinaire de la même manière qu’un tuyau serait désobstrué par un fort courant d’eau. On peut dire qu’elle fait l’office d’un puissant irrigateur agissant à l’intérieur par des irrigations souvent répétées. En effet, l’eau arrive si promptement dans la vessie qu’en la parcourant elle n’est pas modifiée bien sensiblement dans sa composition chimique ; elle lave les parois des organes urinaires, entraîne avec elle les mucosités et concrétions qui les tapissent, excite la vessie à expulser avec énergie tous les produits pathologiques en rapport avec la dimension du canal de l’urêtre.

L’eau de Vichy ne modifie, d’une manière heureuse, que la diathése urique, et, par contre, *elle empire l’état pathologique de l’appareil urinaire*. L’eau de Contrexéville lui est bien supérieure en ce *qu’elle guérit toutes les manifestations de la gravelle*, fait disparaître en peu de jours, l’inflammation, la suppuration ou l’hypertrophie qui constitue d'ordinaire l'état morbide des reins, des uretères, de la vessie et de la prostate ; en un mot, rétablit l'équilibre, ramène l'harmonie, remet à neuf les organes génitaux dans leur ensemble.

Le docteur Civiale avait, avant nous, constaté le fait, « qu'il lui paraît démontré que les eaux de Contrexéville « possèdent la propriété d'exciter fortement la contrac- « tilité de l'appareil urinaire, et que cette propriété les « rend utiles pour déterminer l'expulsion des gros gra- « viers, en même temps qu'elle conduit à un diagnostic « plus certain de la pierre vésicale, question qui a plus de « portée qu'on ne pense ; tandis qu'à Vichy, je le répète, « les eaux sont propres surtout à modifier utilement la « sécrétion rénale, et qu'elles exercent sur la contractilité « de la vessie un effet sédatif tel qu'aux eaux grand « nombre de malades cessent momentanément de souf- « frir et se croient guéris (1). »

L'eau de Contrexéville a tellement de puissance, elle est douée d'une vitalité si énergique, que non seulement elle débarrasse l'économie de l'excès d'acide urique, mais encore précipite au fond du vase l'acide urique et l'urée contenue dans les urines normales des personnes non-graveleuses, et qui, — qu'on le remarque avec soin, ne sont d'aucune façon sous l'influence de la diathèse urique.

Bien souvent, durant mon séjour à Contrexéville, j'ai été à la fois observateur et consulté à cet égard. Certains

(1) Ouvrage cité pages 90-91.

buveurs, dont, avant leur arrivée, les urines ne déposaient plus, s'étonnaient de les voir déposer de nouveau, et même assez abondamment. Ils étaient portés à quitter la station, s'y croyant plus malades qu'avant leur arrivée. En leur expliquant théoriquement le fait, j'ai eu le bonheur d'en retenir quelques-uns. Plus tard, ils n'ont eu qu'à me remercier de les avoir rassurés.

Malgré le respect que nous professons pour l'autorité scientifique de M. Civiale, nous ne pouvons admettre avec lui qu'il faut cesser l'usage de l'eau de Contrexéville ou de Vichy quand elles déterminent d'abondantes émissions de sable; c'est le cas, plus que jamais, d'insister sur leur emploi.

« En pareil cas, dit M. Civiale, les eaux sont éminemment nuisibles; elles peuvent à la longue donner la maladie que l'on croyait combattre, et agissent comme cause déterminante de la gravelle. » — Civiale, *Traitement de la pierre et de la gravelle,* pages 77-92.

Plusieurs autres personnes, venues à Contrexéville sous divers prétextes autres que la maladie, pour accompagner des parents, par exemple, ayant bu accidentellement de l'eau minérale, me prièrent d'examiner leur urine, car elles étaient inquiètes du dépôt abondant qu'elles y remarquaient. J'eus beaucoup de peine à faire comprendre à nombre d'entre elles qu'elles n'étaient pas atteintes de la gravelle.

L'usage de l'eau de Contrexéville, à doses même peu élevées, produit encore une douleur permanente dans la région des reins. Il est peu de buveurs qui ne s'en plaignent. Il en est beaucoup qui s'en préoccupent outre mesure.

Cette douleur, presque générale au début du traitement, provient de l'exagération des fonctions des reins. Elle dure habituellement dix à douze jours, et cesse pour ne plus revenir durant le reste de la cure. Nous avons tenu à en indiquer la vraie cause, afin que les malades ne s'y trompent point et cessent de l'attribuer à un état morbide dont ils ne sont point affectés.

Presque tous les buveurs éprouvent aussi une dysurie qui, chez quelques-uns, est poussée jusqu'à l'impossibilité de la miction. Cette difficulté de l'émission de l'urine, n'est que momentanée. Du reste, elle s'explique par l'excitation que l'eau minérale produit particulièrement sur le col de la vessie et, de plus, par la distension démesurée de la vessie elle-même qui perd alors de sa contractilité.

Les buveurs simplement affectés de diathèse urique voient vite disparaître, sous l'action de l'eau, l'excès d'acidité dont nous attribuons surtout la cause à l'excès de nutrition et au défaut d'excrétion.

Quant aux personnes affectées de gravelle phosphatique, leurs phosphates insolubles sont éliminés ; grâce aux modifications qu'apporte à l'économie l'action de l'eau absorbée, leur urine ne tarde pas à reprendre les caractères acides qu'elle possède à l'état normal.

# PRINCIPALES AFFECTIONS

## TRAITÉES

## A CONTREXÉVILLE

---

# CHAPITRE PREMIER

## DE LA GRAVELLE

*DIATHÈSE URIQUE. — CAUSES. — INFLUENCE DE L'AGE ET DU SEXE. — SYMPTOMES. — DIAGNOSTIC. — PRONOSTIC. — TRAITEMENT. — RÉGIME, HYGIÈNE, PROPHYLAXIE.*

E N abordant cette importante question de la gravelle, nous devons commencer par émettre une proposition, passée pour nous à l'état d'axiome, en dépit de ce qu'on dit de contraire tous les auteurs qui nous ont précédé dans l'étude de cette affection. Tous, ils ont admis différentes variétés de gravelle et les ont décrites, en détail, les unes après les autres.

Quant à nous, nous posons en fait qu'il *n'existe qu'une seule espèce de gravelle, la diathèse urique,* et nous ne consi-

dérons les autres manifestations de la grávelle que comme
des degrés plus avancés de cette diathèse.

En effet, les différentes modifications chimiques que
présentent les sables, graviers ou concrétions expulsés,
proviennent uniquement de la gravité plus ou moins
grande du trouble fonctionnel et du degré d'oxydation
de l'urée, de l'acide urique et de l'état pathologique plus
ou moins prononcé de l'appareil urinaire.

Si l'on s'occupait uniquement de l'analyse chimique
des sels ou concrétions, solubles ou insolubles, en dépôt
dans l'urine, certes on pourrait créer un nombre infini
de gravelles, car ces dépôts peuvent varier de nature
chimique, selon l'idiosyncrasie et le régime des individus,
ou bien selon la prédominence de tel ou tel état pathologique, soit des reins, des bassinets, de uretères, de la
vessie ou de la prostate.

Cela est si vrai, que les diverses variétés de gravelles
observées à Contrexéville ne tardent pas, après quelques
jours d'un traitement qui, dans presque tous les cas,
modifie heureusement l'état morbide de l'appareil
urinaire, à revêtir le type *unique* de gravelle urique.
« J'ai vu, dit M. Baud, dans son *Étude sur Contrexéville*,
dans le cours d'une saison, des sédiments rouges succé-
der aux sédiments phosphatiques de certains malades
exceptionnellement dynamisés (page 82). » Ce que
M. Baud croit exceptionnel est la règle; car, dès l'instant
où les organes malades sont modifiés par l'action de l'eau
minérale, les sécrétions de composition chimique différentes disparaissent, et plus l'appareil urinaire se rap-

proche de l'état normal, plus le dépôt observé dans l'urine se rapproche de son type régulier, en fournissant l'urée et l'acide urique pur.

Les matières organiques sécrétées par l'appareil urinaire, en raison de son état pathologique, en arrivant dans la vessie, développent, comme tous les produits de décomposition, une quantité notable d'ammoniaque, qui, par sa combinaison, avec l'acide urique et l'urée, donne lieu à la formation d'urates, d'ammoniaque, de carbonates d'ammoniaque, ou bien produit le phosphate-ammoniaco-magnésien. Il se produit encore de l'oxalate de chaux, qui n'est qu'une variété, à un degré plus avancé, de la gravelle urique si la base ne se trouve pas être la même par des causes sus-indiquées. Le docteur Gallois, dans un savant mémoire lu à l'Académie des sciences, a démontré que l'acide *oxalique* recueilli dans l'appareil urinaire, n'était que de l'acide urique à un degré plus accentué d'oxydation.

Tous les produits insolubles se précipitent, et s'ils ne sont pas, dans un temps assez court, expulsés de la vessie, ils donnent naissance à un ou plusieurs calculs, qui, plus tard, nécessiteront une opération.

Quant à la matière organique en excès, c'est d'elle que provient le plus constamment le catarrhe vésical. L'urine, en contact avec ces sécrétions morbides, s'altère, devient ammoniacale, par conséquent fortement alcaline, surtout si elle séjourne longtemps dans la vessie et si elle s'y trouve retenue par une tuméfaction du col ou de la glande prostate.

En résumé, la gravelle est *une*, en principe, et c'est la *diathèse urique*. Elle ne varie que dans sa composition, en raison de telle ou telle prédisposition pathologique de l'appareil urinaire.

Je dirai plus. Pour que la gravelle urique puisse se produire, il faut même que l'appareil urinaire ait perdu quelque chose de son intégrité première et qu'il préexiste un état sub-inflammatoire; par exemple, La présence de de la matière solidifiable ne peut s'expliquer que par une surexcitation, un vice dans la fonction des reins.

Reste la *diathèse*. Mais nous croyons, quoi qu'on en ait dit, que les diathèses sont modifiables. Toutefois, de tous les moyens curatifs employés contre elles, nous ne connaissons que les eaux minérales qui aient vertu souveraine; pour nous, les eaux minéro-thermales sont l'eau du Jourdain, l'eau lustrale, qui nous lave du péché originel de la diathèse. L'on doit dire des eaux de Contrexéville, en particulier, que si elles ne détruisent pas entièrement la diathèse de la gravelle, elles la modifient à un tel point qu'elles mettent les malades à l'abri des souffrances et des accidents, souvent pour le reste de leur vie. Nous ne pouvons donc accepter le reproche que leur font à cet égard les savants auteurs du *Dictionnaire des Eaux minérales*. En effet, les eaux de Contrexéville, en dehors de leur *action locale élective*, ont aussi une action générale thérapeutique tout aussi puissante, tout aussi durable que celle des autres eaux minérales employées contre les mêmes affections.

*DIATHÈSE URIQUE.* — On reconnaît qu'un individu est

sous l'influence diathésique de la gravelle, quand, par le repos et le refroidissement, l'urine laisse *habituellement* déposer un sable rouge assez abondant. Le plus souvent, un pareil état de choses ne fait éprouver aucune sensation pénible; ce n'est pas encore la gravelle, mais c'est déja une tendance, une prédisposition au développement de cette affection. Les urines qui déposent une certaine quantité de sable rouge présentent toujours un excès d'acidité. Sous l'influence d'une cause quelconque, ce sable des urines qui peut être blanc, ce qui souvent a occasionné des méprises en faisant croire à la présence d'une gravelle phosphatique, car l'acide urique pur et blanc, au lieu d'être entraîné avec elles, peut se déposer dans le rein et constituer les premiers éléments de la formation de graviers plus ou moins volumineux, mais qui le sont d'autant moins que leur nombre est plus considérable. Les graviers peuvent se former de diverses manières : ou bien ils s'agrègent, ou bien ils se superposent, ou encore ils sont reliés les uns aux autres par de la matière animale, ou enfin ils se cristallisent. Toutefois, hatons-nous de dire qu'il ne faut pas confondre ce dépôt d'acide urique avec celui qu'on peut rencontrer accidentellement dans les urines, à la suite d'une grande fatigue, d'un excès de table, d'un accès de fièvre, ou comme conséquence d'une phlegmasie générale.

*CAUSES*. — Les causes de la gravelle sont multiples et complexes; mais, dans la production de ces causes, c'est l'hérédité qui, selon nous, joue le principal rôle. C'est elle, en effet, qui crée *les diathèses*, souillures originelles, car nul n'en est exempt, et elles se traduisent de générations en générations, sous telle ou telle forme, selon l'idiosyncrasie des individus. Ainsi, rhumatisme, goutte, gravelle affections herpétiques, asthme, catarrhe, bronchique, hémorroïdes, etc., sont des phénomènes de même nature, représentés héréditairement par l'un ou l'autre de ces états morbides.

De toutes les formes héréditaires, la goutte est celle qu'il faut mettre en première ligne. Dans leurs différents ouvrages sur la goutte et la gravelle, les docteurs Rayer, Baud, Raoul, Leroy d'Etiolles vont jusqu'à admettre l'identité de la gravelle urique et de la goutte.

M. Rayer « assimile ces deux maladies et les considère comme deux manifestations du même état morbide. »

M. R. Leroy d'Etiolles, dit « que la gravelle peut être la seule personnification de la goutte avec laquelle elle marche de front. »

M. Baud regarde les individus affectés de diathèse urique « comme ayant un pied dans le camp de la gravelle et l'autre dans celui de la goutte. »

Pour notre part, nous acceptons pleinement l'opinion de l'identité de la gravelle et de la goutte, et nous ajoutons que, dans le premier cas, les dépôts et concrétions se font exclusivement dans l'appareil urinaire, tandis que, dans le second, il se forme autour des articulations, contrairement à l'opinion de notre savant confrère et ami, le docteur Durand Fardel, qui pense qu'un goutteux n'est en même temps atteint de la gravelle que *par exception*. Pour notre part, nous avons le plus souvent trouvé *les trois quarts* des goutteux atteints en même temps de gravelle et *vice versa*. C'est surtout en raison de ce fait que nous maintenons *plus que jamais* l'identité de ces deux maladies.

Après les causes diathésiques héréditaires, viennent les causes déterminantes :

1º L'usage habituel des aliments suranimalisés et surabondants, des liqueurs spiritueuses, en un mot, les plaisirs de la table, sont regardés par tous les médecins comme les causes qui prédisposent le plus à la gravelle. De tous les auteurs que nous avons consultés, M. Civiale est le seul qui ne soit pas de cet avis.

Sans doute, une nourriture trop substantielle ne suffit pas toujours à produire *directement* la gravelle, mais il nous paraît impossible de nier qu'un régime trop excitant ne contribue puissamment à la développer. A la théorie étayée de l'autorité de M. Civiale, qu'il nous suffise d'opposer le temps, l'expérience et les faits. Néanmoins, pour que le péché de gourmandise habituelle puisse produire un aussi triste résultat, il faut que l'on soit entaché de diathèse graveleuse ; sans cela, tous les gros mangeurs, ainsi que les personnes trop nombreuses qui font abus des spiritueux, seraient atteintes de la goutte ou de la gravelle, et chacun connaît assez de trop bons vivants, dont les écarts de régime sont passés à l'état d'habitude, pour savoir que, généralement, il n'en est pas ainsi.

2º Après la gourmandise vient l'obésité, qui n'en est le plus souvent que le complément. A part quelques exceptions, qui sont la conséquence trop directe de l'hérédité, il est rare, en effet, de rencontrer un graveleux maigre efflanqué. Tous ou presque tous ont une prestance carrée, un certain degré d'obésité, et sont, en un mot, solidement constitués. L'obésité, même diathésique, c'est-à-dire celle qui n'est pas la conséquence d'un régime éxagéré, indique déjà l'excès de nutrition et le défaut d'excrétion. On comprend tout de suite à quelles affections sont prédisposés les individus de cette catégorie ; ils ont déjà fait le premier pas vers la goutte ou la gravelle.

3° L'abus des plaisirs vénériens joue un rôle plus considérable qu'on ne le suppose dans les causes déterminantes de la gravelle ; les phénomènes d'innervation et l'ébranlement nerveux qui succèdent au coït, et dont le retentissement se produit directement sur l'appareil génito-urinaire, sont, pour ainsi dire, une cause permanente d'irritation et d'inflammation des parties de cet appareil, une cause permanente de trouble dans ses fonctions, surtout si le coït est souvent répété, car le coït est la cause qui agit de la manière la plus directe sur l'intégrité des fonctions de l'appareil génito-urinaire.

En ce cas, il y a, si j'ose dire, complicité des causes ; car tout individu qui épuise ses forces de cette manière éprouve la nécessité de les réparer amplement au moyen d'une nourriture abondante, succulente, excitante, fortement azotée, largement pourvue, en un mot, de tous les éléments de suranimalisation.

Sous l'influence d'un pareil régime, admettons par

hypothése, un grain de prédisposition diathésique, et la gravelle apparaît!

4° La vie sédentaire, le *décubitus* prolongé, trop souvent conséquence du régime, de l'obésité, de la nonchalence, suite des excès de coït, sont encore des causes déterminantes de premier ordre et qui se lient aux précédentes.

5° La suppression de la transpiration habituelle, la disparition subite des hémorroïdes, des anthrides, heupédides, etc., une constipation opiniâtre sont des causes déterminantes de second ordre; mais elles ont encore assez de puissance, dans le développement de cette affection, pour que l'on ne néglige pas de les indiquer.

6° Chez les femmes, en outre de toutes les causes que nous venons d'énumérer, l'insuffisance de la menstruation ou sa disparition normale, sont les seules que nous ayons à noter.

Quand à la théorie basée sur les acides introduits en excès dans l'économie, comme cause de production de la gravelle, il nous est impossible de l'accepter par respect des lois de la physiologie. En effet, il y a transformation des acides dans le travail de la digestion, et c'est sous une toute autre forme qu'ils y sont assimilés.

Pourtant, une seule exception doit être faite à propos de l'oseille; car l'oxalate de chaux qu'elle contient en abondance se retrouve à l'état naturel dans les urines peu d'instants après son ingestion. Bien que nous ne croyons pas que l'acide oxalique ainsi retrouvé à l'état de nature dans les urines, puisse fournir des combinaisons avec les autres sels de l'urine. Mais, dans le doute, nous pensons qu'il est très *prudent* pour un graveleux de s'abstenir de manger *habituellement* de l'oseille.

*INFLUENCE DE L'AGE ET DU SEXE*. — Sans être aussi fréquents que chez les adultes, les cas de gravelle ne sont pas rares chez les enfants. Plusieurs années de suite, nous avons vu à Contrexéville un certain nombre d'enfants, agés de 9 à 10 ans, soumis au traitement par les eaux.

La gravelle s'observe plus fréquemment chez les petits garçons que chez les petites filles. Les hommes y sont plus sujets que les femmes. Les coliques néphrétiques, terribles symptômes par lesquels la gravelle se manifeste, sont généralement plus intenses chez l'homme que chez la femme. La structure anatomique des uretères, plus ample chez la femme, donne la raison de cette diminution d'intensité.

Enfin, la gravelle se montre surtout chez les hommes faits, et là avec toute sa violence. Très commune chez les vieillards, elle cesse alors d'être aussi agressive et se complique presque toujours soit d'une pyélide, soit d'un catarrhe de la vessie. Cet état plus avancé de la maladie indique que l'appareil urinaire, sous l'influence d'une *phlegmasie* le plus souvent sub-aiguë, a considérablement perdu de son intégrité. Le plus souvent, la gravelle change alors de nature et la diathèse *urique* disparaît en quelque sorte pour faire place à des productions phosphatiques.

*SYMPTOMES*. — Exposons très brièvement les symptômes de la gravelle.

Dans la définition de cette maladie et dans le chapitre consacré à l'action physiologique des eaux de Contrexéville, nous avons déjà fait connaître quelques-uns de ces symptômes. Nous étendre plus longuement ne pourrait être qu'une répétition inutile. Il en est néanmoins quelques-uns, mais en petit nombre, qui doivent trouver leur place ici.

La symptomatologie des graveleux se traduit ordinairement par un sentiment de chaleur, de douleur et de pesanteur dans la région des reins. Généralement, par la percussion, on trouve le rein malade plus volumineux qu'à l'état normal. Quelquefois on détermine de la douleur par la presssion; parfois aussi, la douleur devient lancinante dans l'exécution de certains mouvements.

Si on examine alors les urines, on les trouvera certainement chargées d'un sable rouge-brique qui se déposera par le refroidissement, adhérera fortement au parois du vase, et les urines seront acides en excès,

Si le sable vient à s'agglomérer, à former des graviers, ces graviers ne seront expulsés de l'appareil urinaire qu'en causant aux malades les douleurs les plus atroces, connues hélas! d'un trop grand nombre de graveleux, et décrites, dans les traités spéciaux, sous le nom de *coliques néphrétiques*. Nous ne nous sommes pas donné pour mission de les décrire de nouveau ici. Disons seulement que leur intensité n'est pas toujours en rapport avec le volume des graviers engagés dans la filière des voies urinaires.

La forme des graviers, plus ou moins garnis d'aspérités,

la susceptibilité nerveuse du malade, la plus ou moins grande congestion des organes affectés, l'élasticité et l'ampleur des uretères qui varient suivant les individus, viendront diminuer ou augmenter l'horreur de cette torture, qu'il suffit d'avoir éprouvé une seule fois dans la vie pour ne plus jamais l'oublier. . . . . . . . . . . . . . . . . . . . . . . . . . . .

*DIAGNOSTIC.* — Les symptômes par lesquels la gravelle se manifeste sont généralement si faciles à reconnaître pour l'œil exercé du médecin, que le diagnostic ne peut être que différentiel.

Dans la production des symptômes aigus, il sera donc urgent de ne pas confondre les coliques néphrétiques avec des accidents qui auraient leur siége dans le tube intestinal, avec l'ileus, par exemple.

Du reste, les antécédents du malade suffiront toujours pour éclairer définitivement le diagnostic, s'il pouvait rester encore quelques doutes dans l'esprit.

*PRONOSTIC.* — Le pronostic de la gravelle est *très sérieux*, surtout quand elle existe avec tout le cortége habituel de ses complications. Beaucoup de vieillards qui avaient pu résister jusque-là, succombent à l'envahissement de la maladie, à cette époque de la vie ou l'équilibre entre le statisme et le dynamisme se trouve rompu : en d'autres termes, quand la vitalité individuelle n'a plus assez de force pour opérer une réaction. Pour les raisons contraires, le pronostic offre moins de gravité chez les adultes.

Pourtant, la mort peut quelquefois arriver pendant les

crises de coliques néphrétiques, comme nous avons eu nous-même l'occasion de le constater récemment. Mais, par bonheur, des résultats si graves sont fort rares. M. B., agent de change, a succombé, l'année dernière, au milieu des souffrances les plus terribles; l'autopsie a été faite et l'on trouva l'uretère perforée par un gravier d'un fort volume, qui, tombé dans la cavité abdominale, avait occasionné un épanchement péritonéal. Quelques mois plus tard, M. X., employé à la mairie du cinquième arrondissement, jeune homme de trente-cinq ans, plein de vie et de santé, succombait sous la violence d'accidents du même genre. Il est très regrettable que l'autopsie n'ait pas été faite.

Puisque la gravelle, ou plutôt les accidents qu'elle cause, peuvent quelquefois amener une terminaison funeste, il ne faut donc rien négliger pour se se débarrasser de cette affection.

Traitement hygiénique; traitement *prophylactique*, traitement curatif, tous doivent être mis en œuvre, même dès qu'on peut être convaincu qu'on est atteint de la diathèse et sans avoir éprouvé aucune des souffrances que la gravelle peut déterminer.

*TRAITEMENT*. — Pour le traitement curatif, nous n'avons qu'à renvoyer à ce que nous avons dit des eaux de Contrexéville, au chapitre de leur action physiologique. Qu'il nous suffise seulement de faire ici la déclaration suivante : c'est que, en dehors des eaux minérales, tous les moyens employés ou préconisés contre la gravelle sont et ne peuvent être que des palliatifs.

*RÉGIME, HYGIÈNE, PROPHYLAXIE.* — Si les médicaments pharmacologiques ont d'ordinaire peu de puissance contre la gravelle, si quelquefois les eaux minérales elles-mêmes ne produisent pas l'effet thérapeutique attendu, on retirera toujours, et quand même, un résultat réel au moyen du régime et des précautions hygiéniques rigoureuses.

Avant tout, il importera que le malade change ses habitudes gastronomiques. Il faudra que désormais sa nourriture soit peu abondante et surtout privée des éléments azotés qui constituent la suranimalisation. Ainsi, l'on pourra faire varier, la proportion d'acide urique contenue dans l'urine. Donc : viandes blanches, volailles, légumes herbacés, vin de Bordeaux coupé avec moitié d'eau, voilà ce qui devra constituer son alimentation principale. Les liqueurs alcooliques seront proscrites *absolument* des habitudes de ceux qui sont atteints de la gravelle ou simplement sous l'influence de la diathèse urique. Sans se priver complétement des acides, on ne les recherchera pas; on prendra garde d'en faire abus. L'oseille, les tomates, les haricots verts, les fruits aigres, devront être évités. Quant aux asperges, elles sont formellement interdites aux graveleux. La perturbation qu'elles produisent sur le système réno-vésical est tellement forte qu'elle suffit à elle seule pour déplacer en masse des concrétions qui, peut-être, n'auraient isolément causé aucune douleur. Que cette perturbation soit attribuée à l'effet diurétique des asperges, à l'odeur qu'elles communiquent aux urines, à la décomposition qu'elles opèrent sur elles, ou à toute autre cause encore inconnue, toujours est-il que nous avons vu très fréquemment les coliques néphrétiques survenir après ingestion, même en petite quantité, de ces légumes.

De plus, il est indispensable que les personnes atteintes de la gravelle ne se laissent pas aller aux habitudes nonchalantes auxquelles elles n'ont que trop de tendance en raison de leur constitution. Il faut qu'elles prennent un exercice quotidien et soutenu, qui, par la transpiration, excite les sécrétions.

Nous avons dit, en énumérant les causes de la gravelle, que le coït très fréquent produisait un grand trouble sur les fonctions génito-urinaires. C'est pourquoi il devra être interdit aux vieillards, et, quand aux adultes, ils doivent s'observer très rigoureusement et ne se permettre les rapprochements sexuels que très rarement, comme, par exemple, une fois par semaine et sans récidive.

Enfin, il est de toute nécessité, selon nous, que les graveleux guéris ou non gueris, afin d'éviter le retour du mal et d'exciter le mieux, ne manquent pas une. seule année d'aller faire une visite aux eaux dont ils se seront déjà trouvés bien. On connaît notre prédilection motivée pour Contrexéville.

# CHAPITRE II

## DE LA CYSTITE & DU CATARRHE DE LA VESSIE

*CAUSES. — SYMPTÔMES, MARCHE. — TRAITEMENT*

Ans un ouvrage principalement destiné aux eaux de Contrexéville, nous n'avons pas l'intention d'empiéter sur le domaine de la pathologie générale et de la cystite dans tous ses détails. Mais comme cette affection est souvent la conséquence de la gravelle, qu'elle en constitue une complication qui entrave la marche et retarde la guérison de cette dernière affection, il nous a paru utile d'en donner une courte analyse.

La *cystite* et principalement la cystite du col, se montre très fréquemment chez les hommes, qui y sont plus sujets que les femmes; la disposition anatomique des organes sexuels en explique la raison.

*CAUSES.* — Les causes qui peuvent déterminer la cystite sont très nombreuses, mais nous n'avons à nous occuper ici que de celles qui la déterminent directement ou indirectement. Ainsi : le passage dans la vessie des sables, graviers concrétions et calculs, la *cathétérisme*, les rétrécissements du canal, le séjour prolongé des sondes dans la vessie, la propagation de la phlegmasie urètrale, les injections trop irritantes ou intempestives, telles sont les causes de la cystite.

*SYMPTOMES, MARCHE*. — Le malade éprouve d'abord une douleur sourde à, la région hypogastrique, puis de fréquents besoins d'uriner qu'il ne peut jamais satisfaire complétement. Il survient alors un mouvement fébrile, très intense, ainsi qu'un ténesme vésical des plus prononcés. La vessie, continuellement excitée par la présence de l'urine, ne cesse de se contracter, et ce n'est qu'avec les plus grands efforts que les malades peuvent rendre quelques gouttes d'un liquide troublé, épais, déposant des mucosités analogues à l'albumine de l'œuf et adhérentes aux parois du vase. L'inflammation peut devenir tellement intense, qu'il survienne une rétention complète d'urine et que le malade ne puisse être soulagé que par le cathétérisme, ce qu'il redoute toujours. D'autres fois enfin, si la maladie continue, la vessie perdant de son élasticité cesse de se contracter et laisse échapper les urines goutte à goutte, à mesure qu'elles arrivent dans ce réservoir naturel.

La cystite peut passer à l'état chronique et, dans ce cas, durer plusieurs années; les mucosités de urines deviennent de plus abondantes, et quelquefois si épaisses, qu'elles forment une véritable boue qui peut plus tard dégénérer en gravelle. C'est cet état chronique que l'on a désigné sous le nom de catarrhe vésical. Autrement, la durée de la cystite aiguë ne se prolonge guère au-delà de huit à dix jours et se termine le plus souvent par résolution. Les symptômes de la cystite ne débutent pas toujours d'une manière aussi grave ; souvent même les malades n'y font que peu d'attention ; il n'existe point de fièvre et l'affection disparaît d'elle-même sans exiger une médication. Toutefois des cas semblables sont assez rares.

*TRAITEMENT*. — Quand la cystite débute par l'état aigu, c'est surtout aux applications de sangsues que l'on doit avoir recours. En même temps, l'on fera prendre aux malades des bains entiers très prolongés et souvent renouvelés, des boissons mucilagineuses telles qu'une legère décoction ou mieux macération de graines de lin édulcorée avec le sirop d'orgeat, toujours en petite quantité, afin de ne pas exciter la vessie à se contracter trop souvent. Mais ce qui les soulage le plus vite et fait presque immédiatement cesser les envies fréquentes d'uriner, c'est l'administration, soir et matin, de quarts de lavements froids, additionnés de huit à dix gouttes de laudanum de Sydenham. Ces quarts de lavements, légèrement narcotiques, ont l'inconvénient, il est vrai, de causer une constipation opiniàtre, mais à laquelle on peut toutefois obvier par l'emploi de lavements laxatifs ou de quelques légers purgatifs.

Plusieurs autres médicaments ont encore été préconisés dans le cas de prolongation de la maladie. Tels sont : le cachou, la térébenthine, la teinture de cantha-

rides, celle-ci à très faiblés doses ; la décoction de bour-
geons de sapins du Nord, etc. De tous ces médicaments,
nous donnons la préférence à la térébenthine cuite de
Venise, expérimentée par Dupuytren, qui, dans certains
cas en a en obtenu de bons résultats, mais dont on
doit restreindre l'usage en raison de l'irritation qu'elle
peut occasionner sur les voies urinaires.

Mais lorsque le médécin a constaté la cystite à l'état
chronique, accompagnée si souvent, en ce cas, du
catarrhe vésical, et que les moyens ci-dessus énumérés
ont été reconnus impuissants, le malade n'a d'autre
recours que les eaux minérales. Celle de Contrexéville,
en particulier, opèrent sur la cystite et le catarrhe vésical
des effets curatifs, constatés par la publication d'un
nombre très considérable de cas de guérison, que nous
croyons parfaitement inutile de relater. Maïs il nous
paraît bon néanmoins, d'insister sur cette particularité de
l'eau de Contrexéville, qui est de faire disparaître en très
peu de temps les sécrétions morbides de l'appareil génito-
urinaire.

C'est par *cette spécialité* qu'elle se distingue surtout des
autres eaux minérales ses congénères.

# CHAPITRE III

## DE LA PROSTATITE

*PRINCIPAUX CARACTÈRES ANATOMIQUES DE LA PROSTATE. — SYMPTOMES, MARCHE. — TERMINAISON. — TRAITEMENT.*

N des mots que nous avons entendus prononcer le plus souvent par les buveurs, à Contrexéville, à Vichy et ailleurs, est celui de prostate. Mais, chose fort étrange, c'est que presque personne ne savait au juste ce que ce mot représente. Il est donc indispensable que nous décrivions brièvement les caractères anatomiques et les fonctions de cette glande mystérieuse.

*PRINCIPAUX CARACTÈRES ANATOMIQUES DE LA PROSTATE.* — Son nom, *pro, stat (situé devant)* indique en quelque sorte sa position. En effet, la prostate est une glande située sur la ligne médiane, à la partie inférieure du col vésical qu'elle embrasse intimement, en avant du rectum, au-dessus du plancher périnéal et au-dessous des pubis. Sa forme peut être comparée à celle d'un cône tronqué dont le sommet correspondrait au point où commence la portion membraneuse de l'urètre.

Sa face supérieure embrasse le col de la vessie et se combine par l'*aponévrôse* qui l'enveloppe avec l'aponévrôse pelvienne supérieure.

Sa face postérieure répond au rectum auquel elle est unie par un tissu dense résistant et non graisseux; elle appuie exactement sur le plancher périnéal.

Son sommet présente l'orifice par lequel se dégage le canal de l'urêtre, presque toujours logé dans un anneau complet que lui fournit la prostate.

La partie prostatique du canal présente deux gouttières latérales, séparées par une crète *(veru montanum)*; de chaque côté se trouvent plusieurs pertuis, orifices excréteurs de la glande.

La prostate demeure dans une espèce de loge aponévrotique très résistante; elle tire sa nourriture des vaisseaux du voisinage. Le tissu de la prostate est dense, résistant, criant sous le scalpel, ce qui est dû à la proportion assez forte de tissu fibreux dont elle se compose.

Cette glande diffère de grosseur selon l'âge des individus; à l'état rudimentaire chez l'enfant, elle peut devenir énorme chez le vieillard. Il est extrêmement rare de la voir manquer complétement.

La prostate se développe et prend ses proportions habituelles vers l'époque de la puberté. Elle a surtout pour fonction de sécréter un liquide incolore, muqueux et filant, qu'on pourrait, au premier abord, confondre avec le sperme. Ce liquide a pour mission de lubrifier toute l'étendue du canal afin que la semence soit projetée plus loin et avec plus de force au moment de l'éjaculation. L'érection du penis, en comprimant la prostate, facilite la sortie du mucus prostatique, parfois sécrété en si grande abondance qu'on a pu, comme nous le disions plus haut, faire confusion avec la liqueur spermatique.

Plusieurs causes peuvent déterminer les affections de la glande prostate ; mais pour ne pas sortir de notre sujet, nous dirons seulement que l'engorgement de la prostate est quelquefois la conséquence de la gravelle, lorsque les concrétions ont été retenues dans l'intérieur de cette glande. Mais encore, dans de telles circonstances, la prostatite est-elle très rare. Nous présumons qu'on l'aura souvent confondue avec la cystite, cette dernière étant beaucoup plus fréquente et présentant d'ailleurs avec la prostatite une grande conformité dans la marche des symptômes.

Quoi qu'il en soit, nous ne pouvons mieux faire que de citer ici la description qu'en donne le savant Bichat dans le *Journal de Chirurgie*.

*SYMPTOMES, MARCHE.* — «Le malade éprouve d'abord un sentiment de chaleur et de pesanteur vers le périné et à l'anus ; bientôt il se plaint d'une douleur continuelle et pulsative qu'il rapporte au col de la vessie. Cette douleur augmente lorsqu'il va à la selle ou qu'il fait des efforts pour remplir cette fonction ; il est tourmenté de ténesmes et d'envies fréquentes d'uriner ; il lui semble toujours avoir un gros tampon de matière fécale prête à sortir du rectum. Le doigt, introduit dans cet intestin, sent à sa partie antérieure la saillie que fait la prostate. Si le malade veut uriner, il est longtemps à attendre la première goutte d'urine, et s'il fait des efforts pour en accélérer la sortie, il y met un nouvel obstacle en poussant de plus en plus la prostate au devant du col de la vessie, dont elle bouche alors l'ouverture, et il ne parvient à uriner qu'en suspendant ses efforts. Le jet que forme l'urine est d'autant plus fin et les douleurs que cause son passage sont d'autant plus vives que l'inflammation de la prostate est plus considérable. On pourrait encore ajouter, comme un signe particulier à cette espèce de rétention, que si l'on essaie d'introduire une sonde dans la vessie, elle pénètre facilement et sans rencontrer d'obstacle jusqu'à la prostate où elle est arrêtée, et où le contact devient très douloureux. D'ailleurs, le malade a le pouls dur, fréquent, sa soif est intense, et il offre tous les symptômes génériques de l'inflammation. »

*TERMINAISON*. — La prostatite n'affecte pas toujours cette marche aiguë ; elle peut débuter par l'état chronique, et, dans ce cas, sa terminaison la plus ordinaire est l'induration. La suppuration est souvent la terminaison de l'état aigu, mais comme elle entraîne toujours de graves conséquences, le médecin doit faire tous ses efforts pour en obtenir la résolution.

*TRAITEMENT*. — Ici, comme dans toutes les inflammations, les anphlogistiques tiennent le premier rang. Ainsi : saignées générales, surtout locales, bains entiers, cataplasmes au périnée, lavements émollients. Il faut être très sobre des boissons délayantes, la vessie ayant toujours, dans ce cas, beaucoup de peine à se vider, le gonflement de la prostate y mettant obstacle par le tampon qu'elle forme au-devant du col de cet organe.

Quoi qu'on en dise, le plus souvent la résolution s'opère facilement quand on a bien reconnu la maladie et qu'on a pu agir à temps.

Il n'en est pas ainsi lorque la prostatite débute, pour ainsi dire, par l'induration; elle constitue alors une maladie longue et difficile à guérir, donnant souvent lieu à de complètes rétentions d'urine, à des abcès périnéaux, à la formation des concrétions; en un mot, à tous les accidents fâcheux qui surviennent d'un obstacle au cours naturel des urines.

Les frictions à l'extrait de belladone et d'onguent mercuriel combinés, les pommades iodurées sont ici d'un puissant effet. Mais le moyen curatif qui réussit le mieux, c'est la cautérisation souvent renouvelée de la glande prostate elle-même, cautérisation pratiquée à l'aide du port-caustique Lallement. Sous l'influence de ce moyen, peu à peu la chaleur et la pesanteur au périnée disparaissent, la glande diminue graduellement et finit par reprendre ses proportions naturelles.

Malgré l'emploi de tous ces moyens, la vitalité de cette

glande est si peu considérable que l'induration peut persister quand même. Alors, comme pour la cystite, la cure par les eaux minérales font disparaître cette induration, rebelle jusqu'alors à tous les autres modes de traitement.

# CHAPITRE IV

## DE LA GOUTTE

*ACTION DES EAUX DE CONTREXÉVILLE SUR LA GOUTTE*

 L serait fort difficile de donner une définition particulière èt sûrement exacte d'une maladie telle-que la *goutte*. C'est en effet, pour nous servir des expressions de Hunter, une susceptibilité morbide spéciale qui se traduit par une suite de symptômes réunis sous ce même nom de *goutte*. Mais que l'on n'aille pas croire qu'ainsi considérée la goutte ne soit qu'une hypothèse. Chacun sait trop que c'est une réalité, mais composée de tant d'éléments divers, qu'elle échappe, en ses détails infinis, à la plus persévérante analyse. Pour tout dire, c'est une maladie générale; en un mot, une *diathèse*.

Les causes les plus étudiées de la goutte considérée empiriquement, sont l'hérédité, une constitution générale prédisposante, la vieillesse, un régime substantiel et stimulant avec des habitudes oisives et sédentaires. Il y en a cent autres, occasionnelles, qu'il serait trop long et d'ailleurs inutile d'énumérer ici.

Établissons les caractères importants de la goutte en général.

La goutte aiguë a pour siége habituel les petites articulations, celles des mains et des pieds, particulièrement celle du métatarse et du gros orteil. Pourtant, elle arrive assez souvent à se généraliser sur d'autres articulations. Les attaques de goutte régulière aiguë sont souvent accompagnées d'un mouvement fébrile.

La maladie est d'une assez courte durée pendant les premières attaques, à moins qu'elles ne se généralisent. Les récidives sont d'ordinaire assez nombreuses, et quand elles se rapprochent, les attaques sont de plus en plus longues, jusqu'à ce que la maladie dégénère, comme il arrive trop souvent, en cachéxie goutteuse.

La goutte articulaire chronique est la suite ordinaire de la goutte régulière aiguë. C'est une maladie très tenace; mais les attaques plus longues que dans la précédente, sont moins aiguës.

La goutte incomplète produit d'étranges effets. Barthez l'a vu affecter et contracter les doigts de certains malades « sans causer une seule douleur. » Et Guilbet aussi dit que les engorgements qu'elle amène « sont presque sans douleurs. » On ne s'en aperçoit guère qu'aux tiraillements « qui résultent des efforts fait pour opérer la flexion des membres. »

La goutte dite *anormale*, celle que certains auteurs ont appelée *fibreuse*, n'est autre que le rhumatisme musculaire et fibreux. Mais les accidents principaux, signalés en l'état actuel de la science, encore trop peu avancée sur ce point, et qui se rapportent à la goutte rétrocédée, ou plutôt à la goutte abarticulaire, en général, doivent être groupés en deux classes : 1º Les névroses, 2.º les phlegmasies. — Les névroses comprennent les névralgies d'origine goutteuse (sciatiques, iléoscrotales, trifaciales), les viscéralgies, celles notamment qui sont fixées sur les voies digestives (dispepsies, gastralgies, coliques goutteuses), et celles qui ont pour siége les voies urinaires (ischurie non inflammatoire, rhumatisme de la vessie) ; les paralysies locales, avec convulsion et chorée, les hémiplégies nerveuses, la léthargie goutteuse, l'asthme nerveux, l'angine de poitrine, la lipothymie, la syncope, les palpitations nerveuses. — Les phegmasies liées à la diathèse goutteuse, qui méritent d'être signalées, sont : la néphrite goutteuse, le plus souvent accompagnée de gravelle urique et de calculs des reins, et les phlegmasies des membranes séreuses, qui, loin d'être rares, sont, suivant Guilbert, éminemment fréquentes.

Mais ce qu'il nous importe surtout de signaler ici, ce sont les lésions de sécrétion spéciale par lesquelles se manifeste la diathése goutteuse. Le phénomène le plus important est la sécrétion surabondante de l'acide urique dans les urines des goutteux. L'acide urique, selon Rayer, y est ordinairement cristallisé, « sauf le cas de paroxysmes fébriles où les sediments de l'urine sont souvent amorphes. » Par là s'explique la fréquence de la gravelle et de la colique néphrétique chez les goutteux. L'acide urique se retrouve encore dans les calculs rénaux et dans la gravelle des goutteux; combiné avec la soude, il forme la majeure partie de leurs concrétions tophacées.

On rencontre donc dans la diathèse goutteuse :

1° Diversité du siége de la maladie ; 2° Diversité dans les lésions par lesquelles elle se traduit. De là, il résulte que l'on peut rapprocher de la goutte beaucoup d'autres maladies, mais qu'elle s'en sépare aussi par des différences notables. La goutte est une maladie très difficile à classer. Il reste au temps beaucoup a faire (1).

*ACTION DES EAUX DE CONTREXÉVILLE SUR LA GOUTTE.* — Nous n'avons certes pas à insister sur le traitement général de la goutte. Il nous suffira de bien marquer en quoi les eaux minérales de Contrexéville agissent sur la guérison de cette affection. Le docteur Baud, en son savant *Mémoire*, avant nous, a presque épuisé ce sujet. Les expériences auxquelles nous nous sommes livré personnellement n'ont fait que confirmer ses allégations. Aussi serons-nous dans l'obligation de peu innover et de beaucoup redire. Mais nous serons bref et nos lecteurs ne s'en plaidront pas.

Les goutteux qui viennent chercher la guérison à la source de Contrexéville sont sûrs au moins d'y trouver un soulagement à leurs souffrances. Le premier effet qu'ils éprouvent est le plus souvent une attaque aiguë,

---

(1) Le meilleur résumé historique et scientifique qui ait été fait sur cette trop obscure question de la goutte, est celui que contient la thèse du docteur J.-J. Bouley de Paris )1841).

mais de courte durée et sans gravité, sur l'une des articulations d'ordinaire affectées. En même temps, leur sécrétion urinaire est suractivée, et produit en abondance des sédiments uriques, parfois même des calculs peu volumineux. Mais, après cette première débâcle, les bons effets de la cure ne tardent pas à se faire sentir. Les goutteux recouvrent assez vite l'intégrité organique et fonctionnelle des articulations affectées depuis peu, et les autres, celles qui les faisaient souffrir depuis longtemps, suivent le mouvement général d'améliorations Les concrétions tophacées, contenues dans les tissus, diminuent, se résorbent, s'éliminent progressivement, et l'organisme entier tend alors à reprendre l'équilibre de la santé.

Tels sont, à peu de chose près, tous les effets immédiatement signalés par les goutteux eux-mêmes. Après une saison, mais surtout après plusieurs saisons passées aux eaux, durant l'hiver, et loin de la source, les malades continuent à ressentir son heureux effet, et nombre d'entre eux, ayant recouvré la pleine liberté de leurs mouvements, se complaisent, à juste titre, à attribuer leur bien-être inespéré à l'eau bienfaisante.

Précédemment, nous n'avons parlé que de la goutte aiguë; il nous resterait à parler de la goutte chronique. En ce qui concerne spécialement Contrexéville, M. Baud a épuisé la matière; qu'il prenne donc la parole à notre place :

« Sous la forme ou plutôt à l'époque précédente, la « maladie sévissait sur un organisme, vicieux sans doute

« et d'un dynamisme mal équilibré, mais excessif; elle
« semblait n'être elle-même qu'une succession d'efforts
« violents de réhabilitation organique, efficaces surtout,
« quand ils avaient pour résultat la suractivation des
« fonctions éliminatrices des téguments et plus spéciale-
« ment des reins; sous cette nouvelle forme, ou à cette
« deuxième époque, la scène est changée; le dynamisme
« normale et le dynamisme morbide du sujet sont
« tombés au dessous de zéro; ses fonctions viscérales,
« aussi bien que ses actes organiques, portent l'empreinte
« de l'imperfection et de l'allanguissement. Sa maladie
« ne se compose plus de crises actives, séparées par des
« intervalles plus ou moins prolongés de bonne santé;
« elle est continue, et cette continuité est seulement
« traversée par des assauts crisiaques avortés, qui
« compliquent le désordre au lieu de le réprimer.

« La goutte est devenue podagre, en un mot, et de
« ce nouveau groupe morbide je ne veux que détacher
« ce qui se relie plus directement à la spécialité de notre
« traitement. Les sécrétions du malade, suracidées à la
« première époque, passent à l'alcalimité. Les phosphates
« basiques se substituent à l'acide urique dans ses urines,
« dans ses sueurs sans doute, et dans les liquides qui
« sont versés au voisinage de ses articulations. Parallè-
« lement et solidairement, en quelque sorte, ses séreuses
« et ses muqueuses sont le siége passif d'une habituelle
« hypercrinie. Sous ce type, la diathèse phosphatique
« s'est nettement dessinée en opposition sur la diathèse
« urique.

« Tous les goutteux de ce degré, que j'ai observés aux
« sources de Contrexéville, présentaient dans leurs
« antécédants l'un des faits suivants : ils étaient arrivés
« par l'irrésistible courant des années aux phases décrois-
« santes de leur âge et de leur maladie; ils avaient usé
« d'une manière précoce leurs ressources dynamiques
« par d'habituels excès ou par un régime vicieux; ils
« avaient été assaillis par de *graves ébranlements moraux ;*
« ils avaient fréquemment eu recours à l'un de ces traite-
« ments décevants, composés surtout d'évacuants, qui
« n'affaiblissent la maladie que d'autant qu'ils débilitent le
« malade; ils avaient cédé à l'entraînement général
« pour la médication alcaline, poussée jusqu'à l'abus
« qui lui est spécial, qui, pour les goutteux surtout, est
« plus près qu'on ne le pense de l'opportunité d'indica-
« tion, et en face de laquelle la médication Contrexé-
« villaine peut nettement poser son appel de vicieuse
« logique et dangereuse pratique, elle qui, alcaline
« aussi, guérit surtout ou améliore les goutteux et leurs
« consorts les graveleux d'autant qu'elle *les désalcalinise.*

« La goutte, ainsi dégénérée, fournit les exemples les
« plus remarquables de l'efficacité de l'eau de Contrexé-
« ville, et les heureux effets qu'elle en éprouve peuvent
« se résumer en une réhabilitation organique et fonction-
« nelle générales, en même temps qu'en un retour plus
« ou moins complet de la maladie à ses conditions
« primitives de puissance proxistype et crisiaque. »

Ce texte, notre honorable et regretté confrère l'appuie
de très nombreux exemples par lui-même recueillis.

Nous pourrions l'étayer, nous aussi, de faits dont nous avons été témoin. Mais à quoi bon? l'efficacité de l'eau de Contrexéville sur les goutteux nous semble prouvée d'une manière irréfutable, et, sur ce point au moins, les médecins qui connaissent ces sources sont généralement d'accord.

# TABLE DES MATIÈRES

## CONSIDÉRATIONS GÉNERALES

### SUR LES EAUX

### MINÉRALES ET THERMALES


|  |  | Pages |
|---|---|---|
| CHAPITRE I. | — « *La Médecine n'est pas une Science !* ». | 1 |
| CHAPITRE II. | — Valeur thérapeutique des eaux minérales | 7 |
| CHAPITRE III. | — Emploi des eaux minérales. . . . . . . | 9 |
| CHAPITRE IV. | — Analyse de leur emploi. . . . . . . . | 13 |
| CHAPITRE V. | — Vitalité des Eaux. . . . . . . . . . . . | 17 |
| CHAPITRE VI. | — Principes des Eaux. . . . . . . . . . | 20 |
| CHAPITRE VII. | — L'Ozone . . . . . . . . . . . . . . . . | 22 |
| CHAPITRE VIII. | — Conclusion. . . . . . . . . . . . . . | 26 |


## CONTREXÉVILLE


| CHAPITRE I. | — Contrexéville. . . . . . . . . . . . . | 29 |
|---|---|---|
| CHAPITRE II. | — Propriétés physiques et chimiques des Eaux. . . . . . . . . . . . . . . . . | 37 |
| CHAPITRE III. | — Action physiologique des Eaux. . . . . | 42 |
| CHAPITRE IV. | — Appareil digestif. . . . . . . . . . . | 45 |
| CHAPITRE V. | — Appareil pulmonaire. . . . . . . . . | 47 |
| CHAPITRE VI. | — Appareil génital. . . . . . . . . . . | 49 |
| CHAPITRE VII. | — Appareil urinaire. . . . . . . . . . . | 50 |

# PRINCIPALES AFFECTIONS

## TRAITÉES

## A CONTREXÉVILLE


|  |  | Pages |
|---|---|---|
| CHAPITRE I. | — De la Gravelle. . . . . . . . . . . . . . | 55 |
| CHAPITRE II. | — De la Cystite et du Catarrhe. . . . . . | 70 |
| CHAPITRE III. | — De la Prostatite . . . . . . . . . . . . | 74 |
| CHAPITRE IV. | — De la Goutte. . . . . . . . . . . . . . | 80 |


Imp Jules Chéret & Cie, 18, rue Brunel, Paris

www.ingramcontent.com/pod-product-compliance
Ingram Content Group UK Ltd.
Pitfield, Milton Keynes, MK11 3LW, UK
UKHW022048170726
13837UKWH00002B/841